高职高专教育精品教材
高等职业院校课程改革项目优秀教学成果

计算机辅助设计
——AutoCAD 2017

主　编　潘　力　孙纳新　高文胜
副主编　王　健　高乐陶　高贤强
　　　　吴　刚　张树龙

北京理工大学出版社
BEIJING INSTITUTE OF TECHNOLOGY PRESS

内 容 提 要

本书结合 AutoCAD 2017，以室内设计实例为主导，以整个设计过程贯穿全书，详细讲解了 AutoCAD 2017 基本知识、操作方法、绘图工具和编辑命令等在设计过程中的使用方法和绘制技巧。全书共分为 8 个学习情境，主要内容包括 AutoCAD 在室内设计中的应用、AutoCAD 2017 基础知识、AutoCAD 2017 标注基本操作、家具造型设计、室内平面图设计、室内顶面图设计、AutoCAD 2017 绘制室内立面图、室内设计基础项目训练等。

本书可作为高职高专院校和成人高校非计算机专业的学生学习计算机基础课程的教材，也可作为计算机技术培训用书。

版权专有　侵权必究

图书在版编目（CIP）数据

计算机辅助设计：AutoCAD 2017/潘力，孙纳新，高文胜主编.—北京：北京理工大学出版社，2022.1 重印
ISBN 978-7-5682-5721-3

Ⅰ.①计… Ⅱ.①潘… ②孙… ③高… Ⅲ.①计算机辅助设计—AutoCAD 软件 Ⅳ.① TP391.72

中国版本图书馆 CIP 数据核字（2018）第 120271 号

出版发行 / 北京理工大学出版社有限责任公司
社　　址 / 北京市海淀区中关村南大街5号
邮　　编 / 100081
电　　话 / （010）68914775（总编室）
　　　　　（010）82562903（教材售后服务热线）
　　　　　（010）68944723（其他图书服务热线）
网　　址 / http：//www.bitpress.com.cn
经　　销 / 全国各地新华书店
印　　刷 / 北京紫瑞利印刷有限公司
开　　本 / 787毫米×1092毫米　1/16
印　　张 / 14　　　　　　　　　　　　　　　责任编辑 / 张旭莉
字　　数 / 387千字　　　　　　　　　　　　文案编辑 / 张旭莉
版　　次 / 2022年1月第1版第4次印刷　　　　责任校对 / 周瑞红
定　　价 / 39.00元　　　　　　　　　　　　责任印制 / 边心超

图书出现印装质量问题，请拨打售后服务热线，本社负责调换

Preface 前言

计算机辅助设计现在已经基本普及，主要用来绘制室内装饰和室内平面图及立面图等，已成为计算机辅助设计的热门现象之一。本书正是迎和当前需求，从实际应用的角度出发，用典型精彩的案例、边讲边练的方式全面展示了 AutoCAD 2017 的强大功能。

本书是以计算机辅助设计为背景，通过对建模的初步设计与编辑，从创建到制作全过程，系统地介绍了计算机辅助设计的综合应用，适用于装饰领域设计的学习。本书的特点是突出实践应用技术，面向实际应用，整个教程以实战演练为特色，将国内外先进的设计理念和技术相结合，通过学习，使学生能够深刻理解技术应用领域的整个工作流程和分工，具备参与设计和实际开发的能力。

本书先简要介绍了软件的基本操作，然后以企业设计任务为背景，通过大量的住宅室内设计实例，系统介绍了图形设计与构思的基本常识和设计方法。本书的关键在于能够系统地从 AutoCAD 2017 在住宅室内设计中的应用开始，结合基本知识，讲解了住宅室内设计平面图及室内平面布置图的绘制，并对案例中涉及的绘图工具进行了详细的讲解，可以为学生后续的学习打下扎实的基础。

本书共分 8 个学习情境，分别从计算机辅助设计表现及相关领域中的应用等方面解读，基本涵盖了实际工作中常见问题的解决方法。全书主要内容如下：

学习情境 1 AutoCAD 2017 在室内设计中的应用，包括设计的内容、原则、方法和步骤。

学习情境 2　AutoCAD 2017 基础知识，包括工作界面、菜单栏、状态栏、绘图窗口和命令行窗口。

学习情境 3　AutoCAD 2017 标注基本操作，包括尺寸标注和设置标注样式。

学习情境 4　家具造型设计，包括家具设计、家具类别、家具的基本造型和家具设计的方法与步骤。

学习情境 5　室内平面图设计，包括图层使用、绘图环境、室内平面图和设计应用实例。

学习情境 6　室内顶面图设计，包括吊顶平面图、室内设计透视和设计应用实例。

学习情境 7　AutoCAD 2017 绘制室内立面图，包括立面图设计、创建三维模型和设计应用实例。

学习情境 8　室内设计基础项目训练，包括宾馆房型、办公区域房型、住宅空间和酒店套房设计方案。

本书在设计理念上有很大的创新，在编写过程中，编者将在环境装饰领域中积累的二十多年的实践经验及潜心钻研软件的使用技巧、使用方法等融入本书中，并通过案例的具体操作步骤讲解，使读者得到实操能力的提高。

本书由潘力、孙纳新、高文胜担任主编，王健、高乐陶、高贤强、吴刚、张树龙担任副主编。具体编写分工为：潘力编写学习情境 4 和学习情境 7，孙纳新编写学习情境 3 和学习情境 8，王健编写学习情境 1 和学习情境 5。参加编写的还有高爽、尹雅翠、徐申、郎士杰、刘璐。

在编写过程中参考了大量资料，其中部分被列在参考文献中。书稿完成后，孟祥双、郝玲、王维等帮助阅读过全部或部分书稿，并对书稿提出了修改意见和建议，在此表示衷心的感谢。

由于编者水平有限，书中不妥和疏漏之处在所难免，敬请广大读者批评指止。

编　者

Contents 目录

学习情境 1 AutoCAD 在室内设计中的应用 / 001

1.1 室内设计的内容 / 002

1.2 室内设计的原则与流程 / 005

1.3 室内设计的方法和程序步骤 / 008

1.4 室内设计人才的素质及能力培养 / 010

1.5 室内设计实训案例 / 012

1.6 室内设计程序——归纳与提高 / 017

学习情境 2 AutoCAD 2017 基础知识 / 021

2.1 AutoCAD 2017 主要功能 / 022

2.2 了解 AutoCAD 2017 / 023

2.3 AutoCAD 2017 文件命令的管理 / 027

2.4 输出与打印 / 029

2.5 设置插入块 / 032

2.6 坐标系 / 035

学习情境 3　AutoCAD 2017 标注基本操作 / 037

3.1　尺寸标注方式 / 038

3.2　设置标注样式 / 046

3.3　标注尺寸应用实例 / 054

3.4　AutoCAD 2017 设计中心管理 / 059

学习情境 4　家具造型设计 / 063

4.1　家具设计的现状 / 064

4.2　家具类别 / 065

4.3　家具的基本造型 / 067

4.4　家具设计的原则、方法与步骤 / 071

4.5　绘制家具平面图 / 076

4.6　绘图和修改工具综合实训案例 / 088

4.7　家具造型的设计——归纳与提高 / 098

学习情境 5 室内平面图设计 / 102

- 5.1　了解室内平面图 / 103
- 5.2　图层使用 / 103
- 5.3　绘图环境 / 107
- 5.4　绘制家居房型图应用实例 / 109
- 5.5　绘制酒店客房平面图应用实例 / 117
- 5.6　绘制展示空间平面图应用实例 / 123

学习情境 6 室内顶面图设计 / 129

- 6.1　吊顶平面图 / 130
- 6.2　室内设计透视——归纳与提高 / 139

学习情境 7 AutoCAD 2017 绘制室内立面图 / 145

- 7.1　室内设计立面图 / 146
- 7.2　创建三维模型——归纳与提高 / 167

学习情境 8　室内设计基础项目训练 / 178

  8.1　绘制宾馆房型平面图 / 179

  8.2　绘制办公室房型平面图 / 183

  8.3　住宅空间平面布置图 / 186

  8.4　绘制客厅平面图 / 191

  8.5　酒店套房平面图 / 199

  8.6　居室平面图 / 206

  8.7　室内空间序列——归纳与提高 / 213

参考文献 / 216

学习情境 1
AutoCAD 在室内设计中的应用

我们每天都有相当长的一段时间是在室内的空间中度过的,然而,关于室内的设计,我们却是陌生的,作为一名室内设计师,还有许多需要我们去研究、去探讨的内容。下面首先介绍室内设计的相关概念和作用。

本学习情境主要解决的问题:
1. 什么是室内设计?
2. 室内设计的内容和分类。
3. 室内设计的方法和程序步骤。
4. 室内设计人才的素质及能力培养。
5. 了解 AutoCAD 2017 基础命令。

※ 1.1 室内设计的内容

现代的室内设计,既是一门实用艺术,也是一门综合性科学,因此被广泛称为室内环境设计。现代室内设计所涉及与包含的内容同传统意义上的室内装饰相比较,其内容更加丰富,各种相关的因素更为广泛。因此,室内设计所需要考虑的方方面面,也将随着社会科技的发展和人们生活质量以及心理需求的提高而不断更新发展。

室内环境的内容,主要涉及界面空间的形状、尺寸,室内的声、光、电和热的物理环境,以及室内的客观环境因素等。因此,对于从事室内设计的人员来说,不仅要掌握室内环境的诸多客观因素,更要全面地了解和把握室内设计的具体内容。

室内空间形象设计,将针对设计的总体规划,来决定室内空间的尺度与比例,以及空间与空间之间的衔接、对比和统一等关系。

室内装饰装修设计,是指在室内进行规划和设计的过程中,针对室内的空间规划,组织并创造出合理的室内使用空间的功能,就需要根据人们对建筑使用功能的要求,进行室内平面功能的分析和有效的布置,对地面、墙面、顶棚等各界面线形和装饰设计,进行实体与半实体的建筑结构的设计处理,如图1.1所示。

室内物理环境的设计,要充分考虑室内良好的采光、通风、照明和音质效果等方面的设计处理,并充分协调室内环控、水电等设备的安装,使其布局合理。

室内陈设艺术设计,主要强调在室内空间中,进行家具、灯具、陈设艺术品以及绿化等方面的规划和处理。其目的是使人们在室内环境工作、生活、休息时感到心情愉快、舒畅,使其能够满足并适应人们心理和生理上的各种需求,起到柔化室内人工环境的作用,在高速度、高信息的现代社会生活过程中具有使人心理平衡稳定的作用,如图1.2所示。

图 1.1 建筑结构的设计处理

图 1.2 心理平衡稳定的作用

室内设计的形态范畴可以从不同的角度进行界定、划分。例如,与建筑设计的类同性上,一般分为居住建筑室内设计、公共建筑室内设计、工业建筑室内设计和农业建筑室内设计四大类。如根据其使用范围来分类,概括起来可以分为人居环境设计和公共空间设计两大类。其中,公共空间设计包括限制性空间和开放性空间的设计。还有按空间的使用功能分类,可以分为家居室内空间设计、商业室内空间设计、办公室内空间设计和旅游空间设计等。

1.1.1 室内设计的内容分类

室内设计是一门综合性学科,内容广泛,专业面广,大致分为以下四个部分。

1．空间形象设计

空间形象设计是将建筑所提供的内部空间进行处理,对建筑所界定的内部空间进行二次处理,并以现有空间尺度为基础重新进行划定。在不违反基本原则和人体工程学原则之下,重新阐释尺度和比例关系,以便更好地处理对改造后空间的统一、对比和面线体的衔接问题。

2．室内装修设计

室内装修设计主要是对建筑内部空间的六大界面,按照一定的设计要求,进行二次处理,也就是对通常所说的顶棚、墙面、地面的处理,以及分割空间的实体、半实体等内部界面的处理。在条件允许的情况下也可以对建筑界面本身进行处理。

3．室内物理环境设计

室内物理环境设计主要是对室内空间环境的质量加以调节的设计,主要是室内体感气候如采暖、通风、温度调节等方面的设计处理,是现代设计中极为重要的方面,也是充分体现设计的思想——"以人为本"。随着时代发展,人为环境中如何营造人性化的设计就成了衡量室内环境质量的标准。

4．室内陈设艺术设计

室内陈设艺术设计主要是对室内家具、设备、装饰织物、陈设艺术品、照明灯具、绿化等方面的设计处理。

以上四部分阐明的是室内设计在设计过程中所应包括的内容,而室内设计的分类,可大体分为人居环境室内设计、限定性公共室内设计及非限定性公共室内设计三大类。在人居环境室内设计中主要是指住宅、各式公寓以及集体宿舍等居住环境的设计;限定性公共室内设计主要是指学校、幼儿园、办公楼以及教堂等建筑的内部空间设计;非限定性公共室内设计主要是指旅馆饭店、影剧院、娱乐空间、展览空间、图书馆、体育馆、火车站、航站楼、商店以及综合商业设施等内部空间的设计。

室内设计类型包含众多,专业内容涵盖面广,如何通过设计协调处理好,要求室内设计师必须具有高度的艺术修养并掌握现代科技与材料、工艺知识,同时,应具有解决处理实际问题的能力。

1.1.2 AutoCAD 2017 的图形环境

1．工具选项板

只能在创建工具选项板的产品版本中使用工具选项板。例如,无法在 AutoCAD 2005 中使用 AutoCAD 2006 中创建的工具选项板。

2．同名的自定义文件

加载局部菜单时,AutoCAD 将先搜索支持文件搜索路径(在"选项"对话框的"文件"选项卡中定义)。如果尝试加载与另一个文件同名的自定义(CUI)文件,则无论指定哪个文件,程序都将自动加载位于支持文件搜索路径中的文件。

3．工作空间

如果选中了"工作空间设置"对话框中的"自动保存工作空间修改"选项(WSSETTINGS),则关闭产品时将自动保存当前工作空间。但是,如果在没有打开图形的情况下关闭 AutoCAD,则不会保存工作空间。要确保在关闭时保存工作空间,请在关闭最后一个图形之前使用 WSSAVE 保存工作空间,或者确保在关闭 AutoCAD 时至少有一个图形处于打开状态。

4. 动态输入

动态输入并非用于替换命令窗口。用户可以隐藏命令窗口以增加绘图区域，但是在执行某些操作时需要显示命令窗口。按 F2 键可根据需要隐藏和显示命令提示和错误消息，如图 1.3 所示。也可以浮动命令窗口，并使用"自动隐藏"展开或卷起窗口。

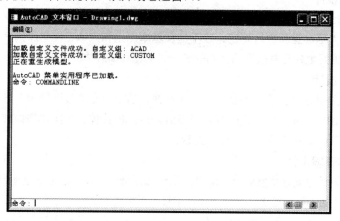

图 1.3 "AutoCAD 文本窗口"对话框

5. 动态输入指南

AutoCAD 2017 软件中，可以在工具栏提示中（而不是在命令行中）输入坐标值。在默认情况下，为大多数命令输入的 X、Y 坐标值被解释为相对极坐标，而不是像早期版本的产品一样解释为绝对坐标。要输入相对坐标，通常不需要输入 @ 符号，而只需要输入相对偏移值。要指示绝对坐标，请使用磅符号（#）前缀。例如，要将对象移到图形原点，请在第二点提示下输入 #0，0。

DYNPICOORDS 系统变量用于控制指针输入是使用相对坐标格式还是使用绝对坐标格式。可以使用符号前缀来临时替代这些设置：

要在工具栏提示中显示相对坐标时输入绝对坐标，请输入 #。

要在显示绝对坐标时输入相对坐标，请输入 @。

要输入绝对世界坐标系（WCS）坐标，请输入 *（星号）。

当标注输入处于打开状态（DYNMODE=2 或 3）时，如果输入逗号（,）或尖括号（<），或者选择多个夹点，则程序将切换为指针输入。

输入标注值并按 Tab 键后，字段将显示锁定图标，并且光标受输入的值的约束。

当光标位于绘图区域以外并且工具栏提示不可见时，如果在"动态输入"工具栏提示中输入值，可能会得到意外的结果。

6. 透视视图不支持动态输入

（1）标注输入和夹点。当标注输入处于打开状态（DYNMODE=2 或 3）时，使用夹点来拉伸顶点的操作方式已改变。输入单向距离值时的方式与早期版本有所不同，因为所编辑的是线段的总长度或角度值，而不是顶点的位置。要获得最佳结果，请通过将 DYNMODE 设置为 0 或 1、按 F12 或者单击状态栏中的"动态输入"按钮（DYN），关闭标注输入。

（2）标注输入夹点编辑和角度。使用夹点拉伸对象时或创建新对象时，标注输入指针将仅显示锐角。即，所有角度都显示为 180 度或小于 180 度。因此，270 度角将显示为 90 度，与"图形单位"对话框中设置的角度方向无关。角度规格根据光标移动的方向来确定正角方向。

7. 循环选择对象

根据动态输入设置的不同，使用 Tab 键遍历对象将导致不同的行为：

对于标注输入（DYNMODE=3）：如果选择共享一个公用夹点的多个对象并单击该夹点，Tab 键将遍历每个选定对象的所有标注。

对于指针输入（DYNMODE=1）：如果在执行命令时输入值，请使用左尖括号（<）或逗号（,）来显示其他输入字段，而不要使用 Tab 键。

8. 在动态提示工具栏提示中粘贴值

要使用 PASTECLIP 将值从 Windows 剪贴板粘贴到动态提示工具栏提示中，请先在工具栏提示中输入字母，按 Backspace 键删除该字母，然后再粘贴条目。否则，条目将作为文字粘贴到图形中。

9. 图纸和图像打印方向

某些打印机可以用两种不同方式装载同样大小的纸张：横向和纵向。通常滚轮打印机在"图纸尺寸"菜单中将同一图纸尺寸列出两次。例如，ANSI A（8.5″×11″）和 ANSI A（11″×8.5″）。多数桌面打印机只有一种图纸装载方向，通常为纵向。

AutoCAD 会自动旋转打印，因此即使图纸以纵向装载到打印机，图纸图像在屏幕上仍显示为横向。使用"完整打印预览"查看实际图纸方向。

"页面设置"和"打印"对话框的"图形方向"区域将显示表明图纸装载到打印机时的方向的图像。字母 A 显示打印对象的方向。多数桌面打印机使用纵向图纸方向，通过旋转打印进行横向查看。

通过单击打印机的"属性"对话框中的图像可以修改 Windows 系统打印机的方向显示。修改此设置将仅影响可打印区域的尺寸，不会改变在"页面设置"和"打印"对话框中设置的打印图像方向。所以在打印图形时，请将"自定义特性"中的"横向"或"纵向"设置与创建图形时的设置保持一致。

10. 不支持文字格式

Autodesk DWF Viewer 只能在"着色"模式下打开文件。

带有渐变填充的图案填充将显示默认图层颜色。

发布的 DWF 文件中不能正确显示各种线型和线宽。

Autodesk DWF Viewer 中的"仅边"和"使用边着色"模式仅显示带有三角形面的对象。仅使用"着色"模式。

※ 1.2 室内设计的原则与流程

伴随着时代科技的进步，现代人们已经对室内空间的设计提出了更高的要求，设计师只有采取主动开发的策略才能适应市场的进步。现代室内设计应依据环境、需求的变化而不断发展。在这里，将主要讨论设计师在研究开发过程中的设计原则问题。

1.2.1 室内设计的原则

在现代生活中，人是中心，人造环境，环境造人。因此，一个新的室内设计的诞生，应涉及人的因素、地域与技术的因素、建筑与环境的关系因素、经济的因素等。也就是说，一方面室内设计要以人为核心，在尊重人的基础上，关怀人、服务于人；另一方面设计的出现可能是技术上的革新，也可能是社会上的需求改变或文化氛围的演变的结果。

一个新设计的诞生,涉及三个方面的主要因素,即技术上的、经济上的和人的因素。也就是说,设计的出现可能是技术上的革新,也可能是社会上的需求改变或文化氛围演变的结果,因此,在设计开发的过程中,设计师应考虑以下几个设计原则。

1. 功能性设计原则

功能性设计原则原则的要求是最大限度地满足室内空间、装饰装修、物理环境、陈设绿化等功能,使其与功能互相和谐、统一,如图1.4所示。

2. 经济性设计原则

从广义上讲,经济性设计原则就是以最小的消耗达到所需的目的。如在建筑施工中使用的工作方法和程序就比较省力、方便、低消耗和低成本等。一项设计要被大多数消费者所接受,必须在"代价"和"效用"之间谋求一个均衡点,但无论如何,降低成本都不能以损害施工效果为代价。

3. 美观性设计原则

求美是人的天性。当然,美是一种随时间、空间、环境的变化而变化的,其适应性极强。所以,在设计中美的标准和目的也会大不相同。我们既不能因强调设计在社会文化方面的使命及责任而不顾使用者需求的特点,同时也不能把美庸俗化,这需要有一个适当的平衡,如图1.5所示。

图1.4 和谐与统一

图1.5 适当的平衡

4. 个性化原则

设计要具有独特的风格,缺少个性的设计是没有生命力与艺术感染力的,如图1.6所示。无论在设计的构思阶段,还是在设计深入的过程中,只有加以新奇的构想和巧妙的构思,才会赋予设计以勃勃生机。

现代室内设计的最高目标是能增强室内环境的精神与心理需求,即在发挥现有的物质条件下,在满足使用功能的同时,来实现并创造出巨大的精神价值。

图1.6 独特的风格

5. 舒适性原则

各个国家对舒适性的定义各有所异,但从整体上来看,舒适的室内设计是离不开充足的阳光、无污染的清晰空气、安静的生活氛围、丰富的绿地和宽阔的室外活动空间、标志性的景观等。

阳光可以给人以温暖,可以满足人们生产、生活的需要;阳光也可以起到杀菌、净化空气的作用。人们从事的各种室外活动应在有充足的日照空间中进行。

清新的空气也是人们选择室外活动的主要依据，我们要杜绝有毒、有害气体和物质对室内设计的侵袭，所以进行合理的绿化是最有效的办法。

绿地是人们生活环境的重要组成部分，它不仅可以提供遮阳、隔声、防风固沙、杀菌防病、净化空气、改善小环境的微气候等诸多功能，还可以通过绿化来改善室内设计的形象，美化环境，满足使用者物质及精神等多方面的需要。

6. 安全性的原则

安全性是人类的基本需求，通过合理的室内空间设计来与室外环境中的空间领域性进行分隔，并对空间组合进行合理处理，不仅有助于人与人之间的关系更加密切，而且有利于环境的安全性。

7. 方便性原则

室内设计的方便性原则主要体现在对道路交通的组织、公共服务设施的配套服务和服务方式的方便程度。

8. 整体性与多样性原则

（1）整体性：室内设计规模、功能布局、造型、风格等都应统一到所处的整个城市建筑环境系统的循环网络中，从整体上来讲，"人—环境—社会"三大系统只有在协调、统一的基础上才能更好地发展。

（2）多样性：伴随着人们生活水平的提高，现代人们在进行社会交往时，除对个人室内生活空间多样性的追求外，同时，也将居住的内涵扩大到了室内设计空间的多样性和个性化的表现，如图 1.7 所示。

图 1.7 室内环境空间

1.2.2 室内设计的流程

图面作业流程和项目施工流程是室内设计流程的两个主要方面。

图面作业流程是按照设计的思维过程来设置的，通常经过概念设计、方案设计和施工设计三个阶段。它所采用的主要表现形式有徒手画（速写、复制描图）、正投影图（平面图、立面图、剖面图、细部节点详图）、透视图（一点透视、两点透视、三点透视）、轴测图。其中，徒手画指的是对于空间形象构思以及平面功能布局的草图作业；正投影制图主要是用于方案与施工图中的作业；透视图则是室内空间视觉形象设计方案的最佳表现形式。室内设计的流程图如图 1.8 所示。

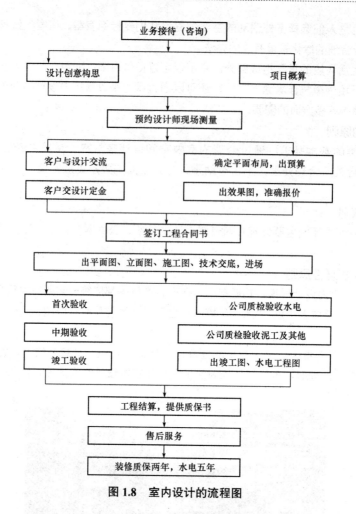

图 1.8 室内设计的流程图

室内设计项目流程通常包括设计任务书的制定、项目设计内容的社会调研、项目概念设计与专业协调、确定方案与施工图设计、材料选择与施工监理等步骤。

※ 1.3 室内设计的方法和程序步骤

1.3.1 室内设计的方法

室内设计的方法有很多,单从设计者的思考方法来分析,主要有以下几点。

1. 深入设计的整体与局部

由于设计时从其全局考虑,需要思考的问题的起点就高,因此具体设计时更要全面调查、全面收集信息,掌握必要的资料和数据,如人体尺度、人流动线、家具与设备的尺寸等,从而达到深入的设计。

2. 从里到外、从外到里，局部与整体协调

建筑师依可尼可夫曾说："任何建筑创作，应是内部构成因素和外部联系之间相互作用的结果，也就是'从里到外''从外到里'。"室内设计也不例外，如室内环境的"里"，以至建筑室外环境的"外"，它们之间有着相互依存的密切关系，所以设计时需要从里到外，从外到里多次反复协调，使设计更趋完善合理。

3. 深思熟虑，先有了"想法"再表达

由于设计的构思至关重要，所以设计中先构思后动笔，一项设计，没有构思就等于没有"灵魂"，但是一个较为成熟的构思，往往需要足够的信息量，还要有商讨和大量的思考时间，因此也可以边动笔边构思，即所谓笔意同步，使设计在前期和出方案过程中有立意、构思更加明确。

对于室内设计来说，正确、完整地表达出室内环境设计的构思和意图，使建设者和评审人员能够通过图纸、模型、说明等，全面地了解设计意图，是非常重要的。

在设计投标竞争中，图纸质量的完整、精确、优美是关键，因为在设计中，形象毕竟是很重要的一个方面，而图纸表达则是设计者的形象语言。另外，一个优秀室内设计作品的内涵和表达也应该是统一协调的。

1.3.2 室内设计的进程步骤

室内设计根据设计的进程，通常可以分为四个阶段，即设计准备阶段、方案设计阶段、施工图设计阶段和设计实施阶段。

1. 设计准备阶段

设计准备阶段主要是接受委托任务书，签订合同，或者根据标书要求参加投标；明确设计期限并制定计划进度安排。

明确设计任务和要求，根据任务的使用性质，收集必要的资料和信息，按有关的规范和定额标准设计，从而创造的室内环境氛围，更能体现文化内涵或艺术风格。

在签订合同或制定投标文件时，还应考虑设计进度安排、设计费率标准，即室内设计收取业主设计费占室内装饰总投入资金的百分比。

2. 方案设计阶段

方案设计阶段包括在设计准备阶段的基础上，进一步收集、分析、运用有关设计任务的资料与信息，初步的方案设计及深入设计，即方案的分析与比较。

室内初步方案的文件通常包括以下几项：

（1）平面图，常用比例为1：50、1：100；
（2）室内立面展开图，常用比例为1：20、1：50；
（3）平顶图或仰视图，常用比例为1：50、1：100；
（4）室内透视图；
（5）室内装饰材料实样版面；
（6）设计意图说明和造价概算。

要求初步设计方案需经审定后，方可进行施工图设计。

3. 施工图设计阶段

施工图设计阶段需要补充施工所必要的有关平面布置图、室内立面和平顶等图纸，还需包括构造节点详图、细部大样图以及设备管线图，编制施工说明和造价预算。

4. 设计实施阶段

设计实施阶段也就是工程的施工阶段。室内工程在施工前，设计人员应向施工单位说明设计意图及对图纸进行技术交底，以便工程施工期间需按图纸要求核对施工实况，还需根据现场实况提出对图纸的局部修改或补充；到施工结束时，同质检部门和建设单位进行工程验收。

另外，为了使设计取得预期理想工程效果，室内设计人员必须抓好设计各阶段的环节，充分重视设计、施工现场、材料、设备等各个方面，并熟悉、重视与原建筑物的建筑设计、设施设计的衔接，同时，还须协调好与建设单位和施工单位之间的相互关系，使设计意图与构思方面达到沟通与共识。

※ 1.4 室内设计人才的素质及能力培养

从室内设计与环境艺术设计所涉及的专业范畴来看，环境艺术设计是一门建立在现代环境科学研究基础之上的新兴边缘性学科，其设计的对象包括自然生态环境与人文社会环境的两个层面，它是一个与可持续发展战略有着密切关系的艺术设计研究领域，其主要任务是指对整个人类生存和生活相关的自然环境、人工环境及社会环境的规划与设计。

在室内设计与环境艺术设计中人才的素质及能力的培养至关重要，尤其是面对当今社会的激烈竞争与科学技术的高速发展，对于高素质室内及环境艺术设计人才的需要，更要着眼于学生创新能力与终身学习能力的培养，同时，这也是面向新世纪高等学校艺术设计教育中必须面对与思考的重要研究课题。

1.4.1 素质的理念及培养的意义

素质是指人在先天禀赋的基础上，通过教育和环境的影响形成的适应社会生存和发展的比较稳定的基本品质，它是能够在人与环境的相互作用下外化为个体的一种行为表现。就高等教育来说，素质教育就是以人才素质为宗旨的教育。

具体地说，素质教育应包括政治思想、道德素质，文化素质，健康的身体心理素质及专业技术业务素质四个方面的内容。其中政治思想、道德素质是方向、是先导，应放在首位，文化素质是基础，健康的身体心理素质是条件，专业技术业务素质是本领。要实现素质教育，有两个关键的环节必须首先建立起来，那就是必须构建一个适应素质教育要求的教学体系；要建立起与素质教育相适应的监督、引导和评估制度。

1.4.2 设计人才应具备的素质与能力

对于一名合格的建筑室内设计师与环境艺术设计师来说，他们所从事的工作基本上都是一种创造性的劳动，因此，对这类设计人才的培养，更应注意在素质与能力等方面的培养。室内设计师应具备的素质如下。

1. 具有建筑设计及三维空间设计的理解能力

室内设计是一门空间艺术，因此，三维空间的理解和想象力对于一个室内设计师来讲是至关重要的。平时要多观察、多记录，可以进行室内空间、建筑空间等设计训练，培养其三维的思考能力。

2. 要具备广博的科学文化知识、美学知识与修养

设计是一门综合的艺术，只有设计师对文学、戏剧、电影、音乐等具有较深的理解和鉴赏水平时，才能在空间的文化内涵、艺术手法、空间造型等方面进行深入的设计表现。

3. 要具备准确、熟练的表现能力

室内设计师应具有准确、熟练地表现能力，因为室内设计一定要将设计师自己头脑中的设计意图准确地、熟练地表现出来，如总平面图、三视图、透视图、轴测图、效果图等。

4. 具备解决问题的能力

设计师一定具备横向的思维能力，即善于用非常规的办法，达到出奇制胜、立意新颖的效果，这种能力的实质就是创造力和创新精神。创新是设计的灵魂，只有思想开放、勇于突破的设计者才能收获成功的喜悦。

5. 具备沟通的能力

设计师应善于宣传自己和自己的设计，最好的设计师应当是最能展示自己的人；同时也能够听取别人的意见，善于同别人合作，能将个人设计与全体设计人员形成具有统一思想的团队整体。

6. 具备诠释能力

设计师应将抽象的概念和复杂的信息形象化、情节化、趣味化，选择尽可能美的形式打动使用者。

1.4.3 设计构思方面的创造与思维能力

室内及环境艺术设计创造的关键在于构思，因此构思是其设计创作的灵魂。针对环境艺术及相关专业各种不同的设计对象，学生应该具有以下几个方面的构思方法：

（1）进行专业设计对象的构思，应能把握"由外到内"和"由内到外"地进行构思的方法，使其设计对象的环境、条件和空间布局与其使用功能、技术、经济、美观要求等能有机地结合起来，并能在繁杂的设计关系中，能将不利的制约条件变为有利的构思，从而激发出设计师的创作。

（2）能从环境艺术设计对象的立体形态研究开始，运用"增加"与"删除"的方法来展开体型上的构思。

（3）能够运用历史的、民族的、地方的建筑形态和文化特征，对其设计对象进行"历史"与"文化"意境方面的构思与结合。

（4）还能利用设计艺术形式美的创作规律，根据艺术构图规律和构成法则来充分展开设计，以创造出崭新的有时代特色和文化内涵的环境艺术设计形象。

（5）构思是设计创造的基础，作为设计人才不仅要学习和掌握设计的多种构思方法，而且在设计过程中同样能增加其设计的悟性，启迪自己的设计思路，直至创造出精品设计来。由此可见，在设计人才的培养过程中，对其进行创造性思维方面的开发与培养，就显得至关重要。

1.4.4 环境空间方面的认识能力

在室内设计中，空间是其设计的本质与主体。作为一个合格的环境艺术设计人才，应掌握从环境空间设计入手的艺术设计方法，掌握设计的规律，使要表达的设计对象，能成为名副其实的环境空间艺术设计作品，而不至于使设计对象的表达语言被异化。从这一点来说，每一个设计师都必须明确其所表现的所有内涵都是围绕环境空间艺术设计来展开的。

1. 形象塑造方面的观察能力

人类都生活在不同类型的建筑所限定的空间场所之中，而环境艺术设计师是依靠形象来塑造空间的，为此作为一个合格的专业设计人才，对环境空间中各种类型的形象都应具有敏锐的分析与观察能力，以及良好的记忆能力，这也是作为环境艺术设计师必须具备的专业素质之一。所以帮助设计师记忆形象，也就成了其训练的一种基本技能。

2. 设计信息方面的筛选能力

当今世界，是一个知识大爆炸的时代，各种信息与资料充斥着人们的生活空间。因此，作为一名合格的专业设计人才来说，准确及善于发现信息、选取信息并为自己所用，已成为当今世界合格人才所必备的能力。而善用与选取则建立在日积月累的大量积累与获取信息及知识的基础之上，所以勤于阅读与收集信息资料，无疑是设计人才成长的又一项基本的技能训练内容。

3. 设计意图的表达能力

作为室内专业的设计人才，在设计构思确立下来后，既要寻求能够运用自如体现设计意图的表达方式，又要在平时切题筛选中反复磨炼与积存，因此，作为一个合格的设计师，必须具有能用图示语言来娴熟地表达设计构思意图的能力。因此，初学者在学习过程中就需要熟练掌握徒手画、工具画、渲染图与CAD绘图，以及制作设计模型等方面的设计意图表达技能，并且能够较好地掌握设计艺术的形式美学规律，以创造与成功地表达出心灵中美好的艺术形象。

4. 设计方案的鉴别能力

作为合格的室内设计人才，还必须通过长期的努力，训练出一双具有审美鉴赏能力的眼睛来。而这双具有审美鉴赏能力的眼睛，是建立在长期的分析与比较以及较高的审美鉴赏能力培养基础之上的。它也是展示设计人才艺术水准、格调高低的主要内容之一，更是评价设计人才是否合格的一个重要依据。

除此之外，在室内设计中，设计师往往处于整个专业设计中的龙头地位，他要协调与带动许多相关专业的诸多技术设计人员，共同协力才能完成好所担负的设计任务。为此作为一个合格环境艺术的设计人才，必须具备全盘指挥的能力、组织能力与协调能力。同时，还要具备同甲方、审批单位、施工单位及其各级领导交往的能力，以便使对方了解自己的设计意图，并获得各个方面的支持，最终实现自己的设计意图。

由此可见，作为一个合格的室内设计人才应具备的素质与能力还有很多，并且要完成一个合格设计人才的培养仅靠学校中短短几年的培养与训练是不够的。因此，面对社会与市场的各种需求，设计人才能在社会实践中不断地完善自己就显得非常重要，这也是我们的教育从过去的一次性教育向终身教育转变的根本原因。

※ 1.5 室内设计实训案例

本节通过案例，讲解卧室室内制作全过程，使读者了解室内制作处理的综合应用技巧。

1.5 室内设计实训案例

1.5.1 建立绘图区域与图层管理

【操作实例1.1】建立卧室图纸区域

(1)选择"格式"→"单位"命令,在弹出的"图形单位"对话框中设置其长度、角度和缩放单位,也可以在命令提示中输入 UNITS↙或 DDUNITS↙,单击"确定"按钮完成,如图1.9所示。

图1.9 "图形单位"对话框

(2)选择"格式"→"图形界限"命令,在命令提示区中输入 0,0↙。

(3)在命令提示区中输入 @5000,6000↙。

(4)在命令提示区中输入 z↙,再输入 a↙。此时卧室的图纸区域就建立完成了,建好的区域是按照用户的需要缩小的,接下来再根据卧室的尺寸绘制卧室平面图。

【操作实例1.2】建立卧室房型图层

(1)单击"图层"工具栏中的"图层特性管理器"按钮,弹出"图层特性管理器"对话框,如图1.10所示。

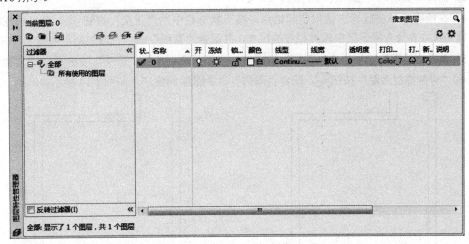

图1.10 "图层特性管理器"对话框

(2)在"图层特性管理器"对话框中单击"新建组过滤器"按钮,分别建立基本房型、尺寸标注、家具布局、地面规划4组图层,如图1.11所示。

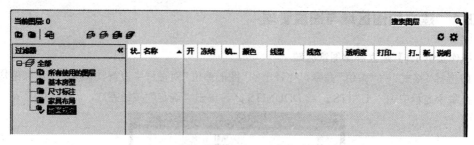

图 1.11　新建组过滤器

1.5.2　绘制卧室房型平面图

【操作实例 1.3】绘制卧室房型平面图

（1）在"图层特性管理器"对话框中选中"基本房型"组，单击"新建图层"按钮，并将其命名为"平面图"层，其颜色选取"深红色"，其他设置为默认。单击"置为当前"按钮，将该图层设为当前图层，如图 1.12 所示。

图 1.12　设置"平面图"为当前图层

（2）选择"绘图"→"多线"命令，在命令提示区中输入 S↙。
（3）在命令提示区中输入外墙的宽度 240↙。
（4）在绘图区单击鼠标左键指定起始点，按下状态栏中的"正交"按钮，分别根据卧室房型图外墙的尺寸在命令提示区中输入相应的尺寸，并配合"直线"命令完成绘制，如图 1.13 所示。
（5）单击"绘图"工具栏中"直线"按钮，按下状态栏下的"正交"按钮、"对象捕捉"按钮和"对象捕捉追踪"按钮，配合"阵列"命令绘制窗户，如图 1.14 所示。

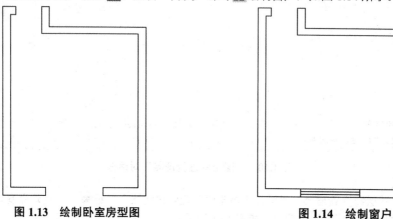

图 1.13　绘制卧室房型图　　　　　图 1.14　绘制窗户

(6）单击"标准"工具栏中"设计中心"按钮，弹出"设计中心"对话框，在文件夹列表选项中选择 Blocks and Tables - Imperial.dwg 图标，并在右边选中"块"图标，如图 1.15 所示。

图 1.15 "设计中心"对话框

（7）单击鼠标右键在弹出的菜单中选择"创建工具选项板"命令，如图 1.16 所示。

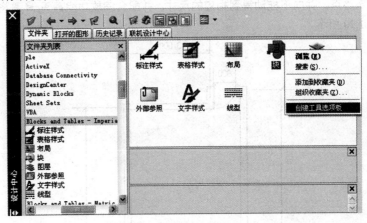

图 1.16 "创建工具选项板"命令

（8）在弹出的"工具选项板"对话框中单击 Door 图标，如图 1.17 所示，将 Door 标签移动到房型图中合适的位置，如图 1.18 所示。

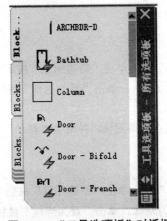

图 1.17 "工具选项板"对话框

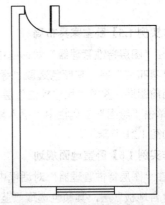

图 1.18 调整后的完成效果

【操作实例 1.4】标注卧室尺寸

（1）在"图层特性管理器"对话框中选中"尺寸标注"组，单击"新建图层"按钮，并将其命名为"尺寸标注"层，其颜色选取"蓝色"，其他设置为默认。单击"置为当前"按钮，将该图层设为当前图层，如图 1.19 所示。

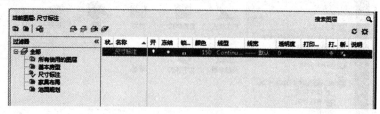

图 1.19　设置"尺寸标注"为当前图层

（2）选择"格式"→"标注样式"命令，在弹出的"标注样式管理器"对话框中，设置其各项参数。

（3）选择"标注"→"线性"命令，在绘图区单击鼠标左键指定起始点，确认"正交"按钮、"对象捕捉"按钮和"对象捕捉追踪"按钮处于打开状态，分别根据房型图要标注的位置单击鼠标左键指定终点，并向下拖动得到相应的尺寸，并配合缩放功能将整个房型图进行尺寸标注，如图 1.20 所示。

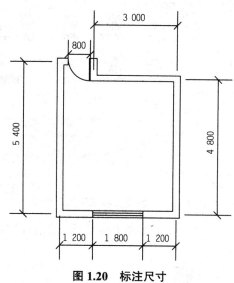

图 1.20　标注尺寸

【操作实例 1.5】卧室家具布局

（1）在"图层特性管理器"对话框中选中"家具布局"组，单击"新建图层"按钮，并将其命名为"家具布局"层，其颜色选取"绿色"，其他设置为默认。单击"置为当前"按钮，将该图层设为当前图层，并将"尺寸标注"层关闭。

（2）单击"绘图"工具栏中"插入块"按钮，分别插入家具图块，并配合"移动"命令完成家具布局，如图 1.21 所示。

【操作实例 1.6】卧室地面规划

（1）在"图层特性管理器"对话框中选中"地面规划"组，单击"新建图层"按钮，并将其命名为"复合地板"层，其颜色选取"蓝色"，其他设置为默认。单击"置为当前"按钮，将该图层设为当前图层，并将"家具布局"层关闭。

（2）单击"绘图"工具栏中的"图案填充"按钮，在"图案填充和渐变色"对话框中选择"DOLMIT"图案，并设置其比例参数，如图1.22所示。

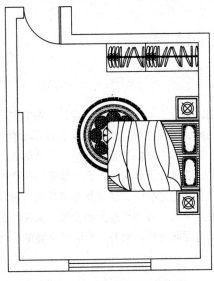
图1.21　家具布局完成效果

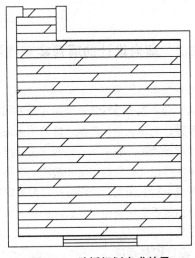
图1.22　地板规划完成效果

到此为止，卧室平面房型图绘制及卧室安排已经完成，接下来根据卧室的安排制作出卧室效果图。

课堂提问

通过实训学习，你发现了哪些问题？

问题1：_____

问题2：_____

问题3：_____

※ 1.6　室内设计程序——归纳与提高

室内设计程序包括两个方面，即室内设计的图面作业程序和室内设计的项目施工程序（参见本书1.2.2）。从整体来看，室内设计的最终结果是包括了时间要素在内的四维空间实体，而它是在二维平面作图的过程中完成的。也就是说，在二维平面作图中完成具有四维要素的空间表现，显然是一个非常困难的任务。所以，在室内设计图面中要充分调动所有可能的视觉传递工具。

1.6.1　手绘构图阶段

为了说明空间和表达设计意图，在手绘构图阶段多采用徒手绘制和计算机绘制两种方式。对于室内设计的手绘构图来说，在程序上是按照设计思维的过程，经过概念设计、方案设计和施工设计等阶段设计的。其中，平面功能布局和空间形象构思草图是概念设计阶段图面作业的主题，透视图和平面图是方案设计阶段图面作业的主题,剖面图和细部节点详图则是施工图设计阶段图面作业主题。每一阶段图面在具体的实施中没有严格的控制,图解语言的穿插是图面作业常用的一种方式。

1.6.2 室内设计的项目实施程序

设计的根本目的来源于它的概念,即原始的创作动力是什么,它能否适应设计方案的要求并运用它来解决问题,整个过程是一个循序渐进和自然而然的孵化过程。设计师在收集相当可观的资料的基础上,其设计概念就会像流水一样流淌出来,当然,在设计当中功能的理性分析与艺术形式上的完美结合要依靠设计师内在的品质修养与实际经验来实现,这要求设计师应该广泛涉猎不同门类的知识,对任何事物都抱有积极的态度和敏锐的观察。因为纷繁复杂的分析研究过程是艰苦的坚持过程,单独的设计师或单独的图文工程师或材料预算师虽然都能独当一面,却不可避免地会顾此失彼,因此,一个人的努力是不能完善地完成的,仍需人员之间的协助与团队协作,只有一个配合默契的设计小组才能圆满完成。

1. 设计规划程序

设计的根本首先是资料的占有率,即要进行完善的调查,横向的比较,大量的搜索并归纳整理,寻找欠缺,发现问题,进而加以分析和补充,这样的反复过程会让设计在模糊和无从下手当中渐渐清晰起来。例如,一电脑专营店的设计,首先应了解其经营的层次,属于哪一级别的经销商规模,从而确定设计范围;取得公司的人员分配比例,管理模式,经营理念,品牌优势,确定设计的模糊方向,进行横向的比较和调查其他相似空间的设计方式,吸取不足和经验,掌握其位置的优劣状况、交通情况及如何利用公共设施和如何解决不利矛盾而确定设计的软件设施。这一阶段还要提出一个合理的初步设计概念,也就是艺术的表现方向。

2. 概括分析程序

这一切结束后应提出一个完善的和理想化的空间机能分析图,也就是抛弃实际平面而设计出完全绝对合理的功能性规划。之所以不参考实际平面是为了避免因先入为主的观念从而束缚了设计师的感性思维。

当基础完善时,便进入了实质的设计、实地的考察和详细测量的阶段,而此时图纸的空间想象和实际的空间感受差别却很悬殊,对实际管线和光线的了解有助于缩小设计与实际效果的差距。也就是如何将理想设计结合到实际的空间当中是很关键的。在室内设计中一个重要特征便是只有最合适的设计而没有最完美的设计,一切设计都存在着缺憾,因为任何设计都是有限制的,设计的目的就是在限制的条件下通过设计缩小不利条件对使用者的影响。将理想设计规划从大到小地逐步落实到实际图纸当中,并且不可避免地要牺牲一些因冲突而产生的次要空间,全部以整体的合理和以人为主,这也是平面规划的原则。

3. 设计发展程序

从平面向三维的空间转换,其间要将初期的设计概念加以完善从而实现在三维效果中的材料、色彩、采光及照明。

材料的选择首先要考虑预算,这是现实的问题,单一的或是复杂的材料是因设计概念而确定的。虽然低廉但合理的材料应用要远远强于豪华材料的堆砌,当然优秀的材料可以更加完美的体现理想设计效果,但并不等于低预算不能创造合理的设计,关键是如何选择。色彩是体现设计理念的不可缺少的因素,它和材料是相辅相成的。采光与照明是营造氛围的,在室内设计中的艺即是光线的艺术它虽然这样有些夸大其词，但也不无道理。因为艺术的形式最终是通过视觉表达而传达给人的，这些设计的最终实现是依靠三维表现图向业主体现，同时，设计师也是通过三维表现图来完善自己的设计。这样，表现图的优劣可以影响方案的成功，但并不会是唯一决定的因素，它只是辅助设计的一种手段，起决定作用的还应该是设计本身，不能本末倒置过分地突出表现的效用。

1.6.3 室内设计的阶段

设计是一种创造的艺术，室内设计正是在不断的设计与实施过程中，逐步将思维中的想象空间构筑在人们的现实生活之中。在这想象与现实的延伸过程中，其设计的进程基本分为设计准备阶段、方案设计阶段、方案深入阶段、设计施工阶段和设计评价阶段五大部分。

1. 设计准备阶段

设计准备阶段主要包括以下几个环节：

（1）明确设计的任务，要求掌握所要解决的问题和目标。

（2）收集资料，进行设计分析及可行性调研。

2. 方案设计阶段

（1）设计定位设计可依靠地理、人文、心理等需求行为，将使用者的理想空间变为现实的第一步。如设计的目标定位、技术定位、人机界面定位、预算定位等。

（2）按照相关的资料、使设计定位的内涵，进行有目的的规划、构思，充分发挥人的主观创造力，开发出几套创意新颖的设计构思方案。如从空间、功能、心理等方面入手展开构想。

（3）综合评价是在设计过程中，对解决问题的方案进行比较、评定，由此确定并筛选出最佳的设计方案。如设计中将功能性、心理性、材料性、技术性、成本等方面加以综合性比较及分析。

3. 设计深入阶段

（1）深入设计就是将筛选出的设计的草图加以深入开发。在原有的评价基础上，从总体设想到各单元的尺寸设定，从虚拟空间到建筑构架展开设计，并落实于设计文件。如平面图、室内空间展开图、仰视图、室内透视图、室内装饰材料翔实版面、设计意图说明和造价预算等。

（2）设计表现在设计过程中，由于语言、形体、图表、模型等手段都能有一定说服力，所以设计师将更加准确地将设计意图充分地展现在人们面前，但与更加醒目直白的效果图来比，二者相辅相成、相得益彰，更能给人一种真实的印象。

（3）施工图设计经过设计定位、方案切入、深入设计、设计表现等过程，方案被采纳。但在即将进入设计施工之前，仍需补充施工所需的有关平面布置、室内立面和顶棚设计节点详图、细部大样图及设备管线图等，最后编制施工说明和造价预算。

4. 设计施工阶段

这是实施设计的重要环节，又被称为工程施工阶段。为了使设计的意图更好地贯彻实施于设计的全过程之中，在施工之前，设计人员应及时向施工单位介绍设计意图，解释设计说明及图纸的技术交流；然后在实际施工阶段中，要按照设计图纸进行核对，并根据现场实际情况进行设计的局部修改和补充（由设计部门出其修改通知书）；施工结束后，协同质检部门进行工程验收。

5. 设计评价阶段

设计评价在设计过程中是一个连续的阶段，在某一阶段突出表现出来，但即使是在设计完成之后，设计评价依然有其信息反馈、综评分析的重要价值。因此，在设计过程中总是伴随着大量的评价和决策，不自觉地进行评价和决策而已。随着科学技术的发展和设计对象的复杂化，对设计提出了更高的要求，单凭经验、直觉的评价已不能适应要求，只有进行技术、美学、经济、人性等方面的综合评价，才能达到预期的目的。

为了使设计更好地创造新生活空间，作为室内设计人员来讲，必须把握设计的基本程序，注重设计评价的筛选与决策的作用，抓好设计各阶段的环节，充分重视设计、材料、设备、施工等因素，运用现有的物质条件的潜能，将设计的精神与内涵有机地转化为现实，以期取得理想的设计效果。

习 题

1. 思考题

（1）室内设计的原则是什么？
（2）如何培养室内设计人才的素质及能力？
（3）室内设计根据设计的进程，通常可以分为几个阶段？

2. 上机题

（1）打开 AutoCAD 2017 软件，熟悉 AutoCAD 2017 软件的工作界面，熟悉菜单栏、工具箱、命令面板中的内容。

（2）运行素材文件"学习情境 1　了解 AutoCAD 在室内设计中的应用"文件夹中的图像练习，了解作品的特点。打开图像进行练习，注意观察图像的变化，如图 1.23 所示。

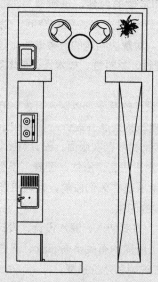

图 1.23　地板规划完成效果

学习情境 2
AutoCAD 2017 基础知识

　　AutoCAD 2017 是美国 Autodesk 公司于 2016 年推出的最新版本，这个版本与 2016 版的 DWG 文件及应用程序兼容。AutoCAD 2017 可以帮助我们更快捷地创建设计数据，更轻松地共享设计数据，更有效地管理软件。它的界面更加直观，比以往的版本更具吸引力、更具灵活性。

　　本学习情境主要解决的问题
　　1. AutoCAD 2017 的功能有哪些？
　　2. 了解 AutoCAD 2017 工作界面。
　　3. 掌握新建与打开图形文件的方法。
　　4. 掌握输出与打印的管理和使用。

※ 2.1 AutoCAD 2017 主要功能

1. 完善的图形绘制功能

设计制图的工作在 AutoCAD 2017 上运行，不仅提高了绘图效率，对于图形的精确性与编辑图形的方便性也有了很大的提高，同时，节省了保存图文件的空间。目前，AutoCAD 被广泛应用于工程规划图、建筑设计图、机械制图、室内设计及其他相关领域。

（1）绘图区域用到的绘图工具都包含在 AutoCAD 当中，如圆、椭圆、橡皮擦、栅格等样样俱全，而且使用起来更方便、快速。

（2）不仅绘制图形快速，图形的编辑也相当容易，操作上的简易性及工作效率是手工绘图望尘莫及的。

（3）对于常用的零件图或符号不必重复绘制，AutoCAD 可以将这些图形制作成图块，只要使用时直接插入到图形中，既方便又有效率，在分秒必争的时代里，无疑是节约成本的最佳利器。

（4）在图形绘制的过程中，可直接查询视图上任何一点的坐标位置、测量距离、角度、周长、计算复杂面积等，都是轻而易举的事，这是手工制图比不上的。

2. 强大的图形编辑功能

AutoCAD 2017 具有强大的图形编辑功能。例如，对于图形或线条对象，可以采用删除、恢复、移动、复制、镜像、旋转、修剪、拉伸、缩放、倒角、倒圆角等方法进行修改和编辑。

（1）真正体现计算机辅助设计强大功能的不仅是其绘图功能，更主要的是其图形编辑、修改功能。

（2）AutoCAD 可以让用户以各种方式对单一图形或一组图形进行修改，图形实体可以移动、复制，可以删除局部线条或整个实体。用户可以改变图形的颜色、线型或在三维空间中旋转。

（3）在 AutoCAD 中，熟练掌握编辑技巧会使绘图效率成倍地提高，这也正是 AutoCAD 的精华所在。

3. 图形显示及输出功能

AutoCAD 可以任意调整图形的显示比例，以便观察图形的全部或局部，并可以使图形上、下、左、右地移动来进行观察。

AutoCAD 为用户提供了 6 个标准视图（6 种视角）和 4 个轴测视图，可以利用视点工具设置任意的视角，还可以利用三维动态观察器设置任意的透视效果。

图形在屏幕上的显示及打印、输出也是十分重要的。AutoCAD 可以任意调整显示比例，以方便观察图纸的全貌或局部，也可以采用幻灯片效果的表现方式来显示图纸。

计算机绘图的最终目的是将图形画在图纸上，AutoCAD 支持所有常见的绘图仪和打印机，并具有极好的打印效果。

4. 尺寸标注和文字输入功能

AutoCAD 2017 还具有强大的文字标注和尺寸标注功能，可直接标注尺寸，并且自动计算长度，还可以设置标注格式；提供彩色线条显示，层次分明，易于阅读；对于空间的节省及携带或保存的方便性也是毋庸置疑的。

5. AutoCAD 2017 的新增功能

（1）增加了"新功能专题研习"对话框。

（2）文件操作的速度进一步提高。

（3）新增了"图纸集管理器"功能面板。

（4）新增了创建表格功能。

（5）插入与更新字段。

（6）增强了工具选项板。
（7）增强了图层特性管理器。
（8）增强了打印功能。
（9）更加轻松地共享设计数据。

6. 二次开发功能

用户可以根据需要来自定义各种菜单及与图形有关的一些属性。AutoCAD 提供了一种内部的 Visual Lisp 编辑开发环境，用户可以使用 LISP 语言定义新命令，开发新的应用和解决方案。

※ 2.2 了解 AutoCAD 2017

2.2.1 AutoCAD 2017 启动与工作界面

1. AutoCAD 2017 启动

（1）双击桌面上的 AutoCAD 2017 图标。
（2）选择"开始"→"程序"→"AutoCAD 2017"。
（3）选择"我的电脑"，双击文件所在硬盘（如 C 盘）→"AutoCAD 2017"的文件夹→"ACAD.exe"程序。

2. 工作界面

启动 AutoCAD 2017 后，便进入到崭新的用户界面。用户界面主要由标题行、菜单栏、各种工具栏、绘图区域、光标、命令行、状态栏、坐标系图标等组成。

打开 AutoCAD 2017 进入的绘图环境，这里就是我们的设计工作空间。如图 2.1 所示，AutoCAD 2017 用户界面包括菜单栏、工具栏、状态栏、命令行窗口、绘图窗口等，下面将详细介绍。

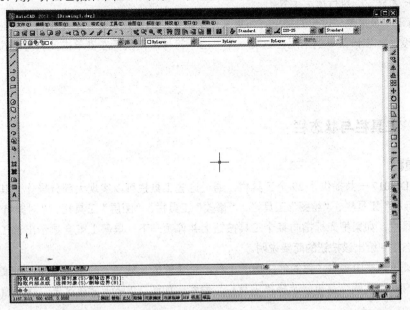

图 2.1　AutoCAD 2017 工作界面

2.2.2 标题栏与菜单栏

1. 标题栏

AutoCAD 2017 标题栏在用户界面的最上面，用于显示 AutoCAD 2017 的程序图标以及当前图形文件的名称。标题行右面的各按钮，可用来实现窗口的最小化、最大化、还原和关闭，操作方法与 Windows 界面操作相同。

2. 菜单栏

菜单栏是 AutoCAD 2017 的主菜单，集中了大部分绘图命令，单击主菜单的某一项，会显示出相应的下拉菜单。下拉菜单有如下特点：

（1）菜单项后面有"…"省略号时，表示单击该选项后，会打开一个对话框。

（2）菜单项后面有黑色的小三角时，表示该选项还有子菜单。

（3）有时菜单项为浅灰色时，表示在当前条件下，这些命令不能使用。

AutoCAD 2017 菜单栏包括十一个菜单项，这些菜单包含了 AutoCAD 常用的功能和命令。

菜单操作技术是 Windows 风格软件的基本特点之一，它是将一组相关或相近的命令或命令选项归纳为一个列表，方便用户查询和调用。在 AutoCAD 2017 的标题栏下面是下拉菜单栏。移动鼠标，当鼠标指针指向菜单区内拾取各选项即可。右边有省略号的菜单项将引发出对话框，有三角符号的选项表示还有下一级子菜单。要退出下拉菜单，只需将光标移入绘图区域单击鼠标左键或直接按 Esc 键，菜单条消失，命令行恢复等待输入状态。

下拉菜单栏的右端也有三个标准 Windows 窗口控制按钮：最小化按钮、最大化/还原按钮、关闭应用程序按钮。这三个控制按钮仅对当前打开的图形有效。

有关菜单的具体操作详见以下内容：

（1）有效菜单和无效菜单。用黑色字符标明的菜单项目表示该项可用，用灰色字符标明的菜单项目表示该项暂时不可用，需要选定合乎要求的对象之后方可用。

（2）将引发出对话框的菜单。如果某一菜单项目有省略号，表示选取该项后将引发出一个对话框，要求用户为命令的执行指定参数。

（3）有下一级菜单和过长的菜单。如果某一菜单中的选项。当某一菜单项目长度超过了屏幕所能容纳的长度时，在该菜单的末尾会出现一个"口"符号，用鼠标左键单击此符号将拉出隐藏的菜单项。

2.2.3 工具栏与状态栏

1. 工具栏

AutoCAD 2017 一共提供了 29 个工具栏，通过这些工具栏可以实现大部分操作。其中常用的默认工具为"标准"工具栏、"绘图"工具栏、"修改"工具栏、"图层"工具栏、"对象特性"工具栏、"样式"工具栏。如果把光标指向某个工具按钮上并停顿一下，屏幕上就会显示出该工具按钮的名称，并在状态栏中给出该按钮的简要说明。

在自定义工具栏中提供了更简便快捷的工具，只须单击工具栏上的工具按钮，可使用大部分常用的功能。打开"视图"菜单，选择"工具栏"命令，如图 2.2 所示。在这里，可以打开或关闭工具栏。

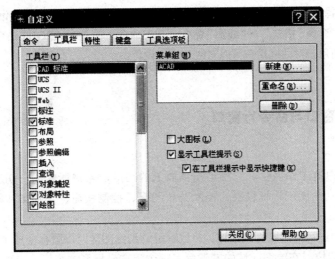

图 2.2 "自定义"对话框

在 AutoCAD 2017 中,工具栏按照位置的不同,可以分为固定工具栏、浮动工具栏、弹出式工具栏三种。工具栏中的按钮还具有提示功能。当鼠标指向某个工具栏按钮时,稍后按钮下面将显示该按钮的名称,并在状态栏中显示该按钮的功能简短描述。这种提示功能也可以在"工具栏"对话框进行设置。

2. 状态栏

状态栏用于反映和改变当前的绘图状态,包括当前光标的坐标、栅格捕捉显示、正交打开状态、极坐标状态、自动捕捉状态、线宽显示状态以及当前的绘图空间状态等。

AutoCAD 2017 还在状态栏右侧新增加了一个"通信中心"按钮。利用该按钮,可以通过 Internet 对软件进行升级并获得相关的支持文档。状态栏右侧的小箭头可以打开一个菜单,并通过该菜单来删减状态栏上显示的内容。

状态栏位于 AutoCAD 2017 底部,它反映了此时的工作状态。当将光标置于绘图区域时,状态栏左边显示的是当前光标所在位置的坐标值,这个区域称为坐标显示区域。状态栏右边是指示并控制用户工作状态的按钮。用鼠标单击任意一个按钮均可切换当前的工作状态。当按钮被按下时表示相应的设置处于打开状态。状态栏使用如下:

(1) 捕捉:用于设定鼠标指针移动的间距。单击状态栏上捕捉按钮,或按 F9 键可控制捕捉的开启或关闭。

(2) 栅格:是一些标定位置的小点,所起的作用就是坐标纸,使用它可以提供直观的距离和位置参照。单击状态栏上栅格按钮,或按 F7 键可控制栅格的开启或关闭。

(3) 正交:单击状态栏上正交按钮或按 F8 键可控制模式的开启或关闭,正交模式打开时,使用定标设备只能画水平线和垂直线。

(4) 极轴:单击状态栏上极轴按钮或按 F10 键可控制模式的开启或关闭,执行极轴追踪时,可以在对象上精确设置极轴角度的增量角和附加角。极轴的设置还可以在"草图设置"对话框中进行。

(5) 对象捕捉:单击状态栏上对象捕捉按钮,执行对象捕捉设置,可以在对象上的精确位置指定捕捉点。对象捕捉的设置可以在"草图设置"对话框中进行。

(6) 对象追踪:利用"草图设置"对话框中的"极轴追踪"选项卡对极轴追踪的参数进行设置。

（7）线型：选择"格式"→"线型"命令，系统将打开"线型管理器"对话框，利用该对话框可对线型进行设置。选择"格式"→"线宽"命令，或在命令行输入 LWEIGHT 命令，系统将打开"线宽设置"对话框，利用该对话框用户可以对线宽进行设置。

2.2.4 绘图窗口与命令行窗口

1. 绘图窗口

绘图窗口是用户的工作平台。它相当于桌面上的图纸，用户所做的一切工作都反映在该窗口中。绘图窗口包括绘图区、标题栏、控制菜单图标、控制按钮、滚动条和模型空间与布局标签等。

绘图区域是用户进行图形绘制的区域。将鼠标移动到绘图区时，鼠标变成了十字形，可用鼠标直接在绘图区域中定位，在绘图区域的左下角有一个用户坐标系的图标，它表明当前坐标系的类型，图标左下角为坐标的原点（0，0，0）。

2. 命令行窗口

命令行在绘图区域下方，是用户使用键盘输入各种命令的直接显示，也可以显示出操作过程中的各种信息和提示。默认状态下，命令行保留显示所执行的最后三行命令或提示信息。

2.2.5 光标与坐标

1. 光标

屏幕上的光标会根据其所在区域不同而改变形状，在绘图区域呈"十"字形，十字光标主要用于在绘图区域标识拾取点和绘图点，还可以使用十字光标定位点、选择绘制对象。光标在绘图区域以外呈白色箭头形状。

2. 坐标

用户坐标系图标显示的是图形方向。坐标系以 X、Y、Z 坐标为基础。AutoCAD 2017 有一个固定的世界坐标系统和一个活动的用户坐标系。查看显示在绘图区域左下角的 UCS 图标，可以了解 UCS 的位置和方向。单击"模型"和"布局"标签可以在模型空间和图纸空间来回切换。一般情况下，先在模型空间创建和设计图形，然后创建布局以绘制和打印图纸空间中的图形。

2.2.6 模型标签和布局标签

绘图区域的底部有"模型""布局 1""布局 2"三个标签。它们用来控制绘图工作是在模型空间还是在图纸空间进行。AutoCAD 的默认状态是在模型空间，一般的绘图工作都是在模型空间进行，单击"布局 1"或"布局 2"标签可进入图纸空间，图纸空间主要完成打印输出图形的最终布局。如进入了图纸空间，单击模型标签即可返回模型空间。如果将鼠标指向任意一个标签单击鼠标右键，可以使用弹出的右键菜单新建、删除、重命名、移动或复制布局，也可以进行页面设置等操作。

※ 2.3 AutoCAD 2017 文件命令的管理

2.3.1 新建与打开图形文件

1. "新建"命令操作

（1）选择"文件"菜单命令，然后从弹出的下拉菜单中选择"新建"命令。

（2）弹出"选择样板"对话框，如图 2.3 所示。单击"使用样板"图标，在"名称"列表框中，用户可根据不同的需要选择模板样式。

图 2.3 "选择样板"对话框

（3）选择样式后，单击"打开"按钮，即在窗口显示为新建的文件。

2. "打开"命令操作

（1）选择"文件"菜单命令，然后从弹出的下拉菜单中选择"打开"命令。

（2）在弹出的"选择文件"对话框中，如图 2.4 所示，通过对话框的"搜索"下拉列表框选择需要打开的文件，AutoCAD 的图形文件格式为 .dwg 格式（在"文件类型"下拉列表框中显示）。

（3）可以在对话框的右侧预览图像后，单击"打开"按钮，文件即被打开。

图 2.4 "选择文件"对话框

2.3.2 保存与退出图形文件

1. 保存图形文件

（1）选择"文件"菜单命令，然后从弹出的下拉菜单中选择"保存"命令，弹出"图形另存为"对话框，在此对话框中指定要保存的文件名和保存的路径，如图2.5所示。

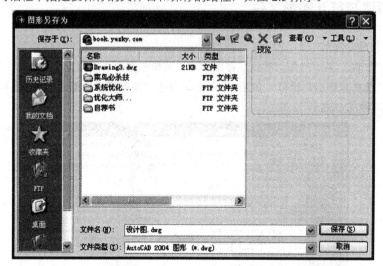

图 2.5 "图形另存为"对话框

（2）在"图形另存为"对话框中单击"工具"下拉列表，选择"选项"命令，则会弹出"另存为选项"对话框。该对话框中有"DWG 选项"和"DXF 选项"两个选项卡，如图 2.6 和图 2.7 所示。

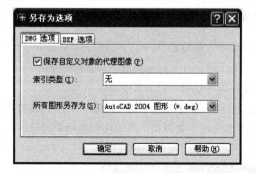

图 2.6 "另存为选项"对话框 DWG 选项

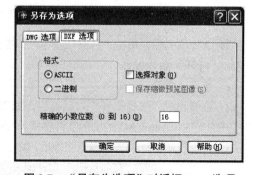

图 2.7 "另存为选项"对话框 DXF 选项

DWG 选项卡表示如果将图形保存为 R14 或以后版本的文件格式，并且图形包含来自其他应用程序的定制对象，则可以选中"保存自定义对象的代理图像"复选框。该选项设定系统变量的值。在"索引类型"列表中，可以确定当保存图形时，AutoCAD 是否创建层或空间索引。在"所有图形另存为"列表中，可以指定保存图形文件的缺省格式。如果改变指定的值选择其他低版本，则以后执行保存操作时将以选择的文件格式保存图形。

DXF 选项卡表示设置交换文件的格式。在"格式"组合框中，可以指定所要创建 DXF 文件的格式。"选择对象"复选框可以决定 DXF 文件是否包含选择的对象或整个图形。"保存缩微预览图像"复选框可以决定是否在"选择文件"对话框中的"预览"区域显示预览图像。也可以通过设置系统变量"RASTERRREVIEW"来控制该选项。在"精度的小数位数"框中可以设置保存的精度，该值的范围只能在 0～16，如图 2.7 所示。

2. 退出图形文件

（1）选择"文件"菜单命令，然后从弹出的下拉菜单中选择"退出"命令。

（2）在命令提示区输入 QUIT 命令。

（3）单击 AutoCAD 2017 窗口右上角的关闭图标 ❌ 退出。

（4）按下 Alt + F4 组合键，退出 AutoCAD 2017 软件。

在上述退出 AutoCAD 2017 的过程中，如果当前图形没有保存，系统会显示出"询问"对话框，可以给予相应的操作。

2.3.3 设置密码

（1）执行保存图形命令后，打开"图形另存为"对话框。

（2）单击右上角的"工具"按钮，打开下拉菜单，选择"安全选项"选项，弹出"安全选项"对话框。

（3）单击"密码"标签，在"用于打开此图形的密码或短语"文本框中输入相应密码，如图 2.8 所示。单击"确定"按钮，系统会打开"确认密码"对话框。

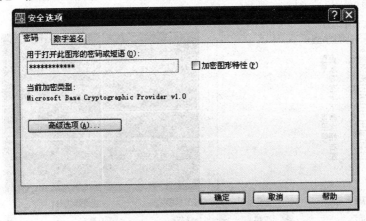

图 2.8 "安全选项"对话框

（4）用户需要再输入一次密码，确认后，单击"确定"按钮，完成密码设置。

2.4 输出与打印

2.4.1 模型空间与图纸空间

1. 模型空间

模型空间是指用户在其中进行设计绘图的工作空间。在模型空间中，用创建的模型来完成二维或三维物体的造型，标注必要的尺寸和文字说明。系统的默认状态为模型空间。当在绘图过程中只涉及一个视图时，在模型空间即可以完成图形的绘制、打印等操作。

2. 图纸空间

图纸空间（又称为布局）可以看作是由一张图纸构成的平面，且该平面与绘图区平行。图纸空间上的所有图纸均为平面图，不能从其他角度观看图形。利用图纸空间，可以将在模型空间中绘制的三维模型在同一张图纸上以多个视图的形式排列（如主视图、俯视图、剖视图），以便在同一张图纸上输出它们，而且这些视图可以采用不同的比例。而在模型空间则无法实现这一点。

3. 平铺视口

平铺视口是指在模型空间中显示图形的某个部分的区域，如图2.9所示。对较复杂的图形，为了比较清楚地观察图形的不同部分，可以在绘图区域上同时建立多个视口进行平铺，以便显示几个不同的视图。如果创建多视口时的绘图空间不同，所得到的视口形式也不同，若当前绘图空间是模型空间，创建的视口称为平铺视口，若当前绘图空间是图纸空间，则创建的视口称之为浮动视口。

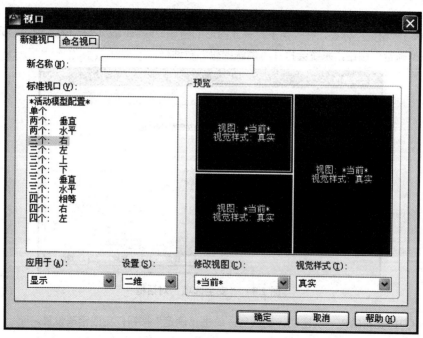

图2.9 "视口"对话框

（1）视口是平铺的，它们彼此相邻，大小、位置固定，且不能重叠。

（2）当前视口（激活状态）的边界为粗边框显示，光标呈十字形，在其他视口中呈小箭头状。只能在当前视口进行各种绘图、编辑操作。

（3）只能将当前视口中的图形打印输出。可以对视口配置命名保存，以备以后使用。

2.4.2 浮动视口与输出图形

1. 浮动视口

布局可以创建多个视口，这些视口称为浮动视口，浮动视口的特点如下：

（1）视口是浮动的。各视口可以改变位置，也可以相互重叠。

（2）浮动视口位于当前层时，可以改变视口边界的颜色，但线型总为实线，可以采用冻结视图边界所在图层的方式来显示或不打印视口边界。

（3）可以将视口边界作为编辑对象，进行移动、复制、缩放、删除等编辑操作。

（4）可以在各视口中冻结或解冻不同的图层，以便在指定的视图中显示或隐藏相应的图形、尺寸标注等对象。

（5）可以在图纸空间添加注释等图形对象，也可以创建各种形状的视口。

2. 输出图形

模型空间输出图形操作步骤如下：

（1）选择"文件"→"打印"命令，打开"打印－模型"对话框。

（2）打印设置：在"打印－模型"对话框中，对其"页面设置""打印区域""打印偏移""图纸尺寸""打印份数"各选项进行相应设置，如图 2.10 所示。

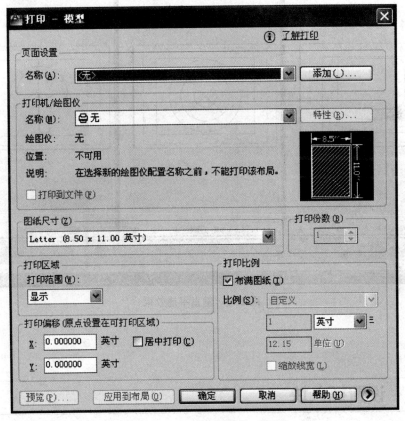

图 2.10 "打印－模型"对话框

（3）打印预览：打印设置后，应进行打印预览。预览后要退出时，应在该预览画面上单击鼠标右键，在打开的快捷菜单中选择"退出"（Exit）选项，即可返回"打印"对话框，或按 Esc 键退回，如预览效果不理想可进行修改设置。

（4）打印出图：预览满意后，单击"确定"按钮，开始打印出图。

注意：通过图纸空间布局输出图形时可以在布局中规划视图的位置和大小。在布局中输出图形前，仍然应先对要打印的图形进行页面设置，然后再输出图形。其输出的命令和操作方法与模型空间输出图形相似。

2.4.3 同时打开多个图形文件

在绘图过程中，用户需要同时观察多个图形文件，AutoCAD 2017 提供了在一个窗口中同时打开多个图形文件并能同时显示的功能。选择"窗口"→"垂直平铺"命令，系统会自动以垂直平铺方式显示文件，如图 2.11 所示，同时，一个图形文件中的图形可直接用鼠标拖到另一个图形文件中，给设计人员带来了极大的方便。

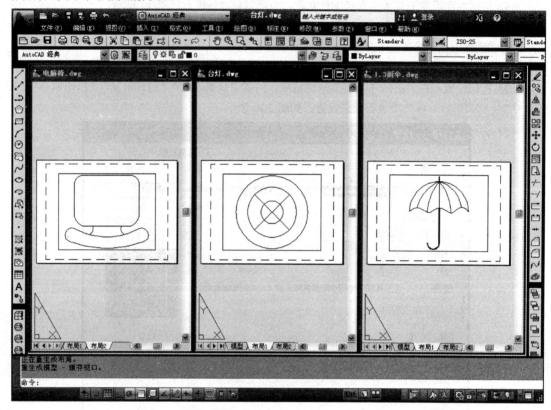

图 2.11 垂直平铺效果

※ 2.5 设置插入块

当创建了图块或块文件后，就可以在图形中使用块或块文件，AutoCAD 提供了"插入块"（insert）命令。

1. 插入块命令
（1）选择"插入"→"块"命令。
（2）单击"绘图"工具栏中的"插入块"按钮 。
（3）在命令行中输入 insert 或者 i 并按回车键。
用上述方法激活"插入块"命令后，弹出"插入"对话框，如图 2.12 所示。

2.5 设置插入块

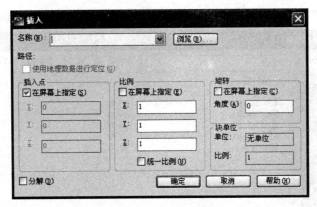

图 2.12 "插入"对话框

"名称":设置插入的块、块文件或图形文件的名称。可以直接在文本框中输入块或块文件名称,也可以从下拉列表中选择块名称,或者单击"浏览"按钮选择块文件或图形文件。

"插入点":设置块的插入点位置。

(1)"在屏幕上指定":在绘图区域用鼠标选定插入点。

(2) X、Y、Z:输入插入点的坐标值。

"比例":设置块的插入比例系数。

(1)"在屏幕上指定":可以使用鼠标指定大小比例,也可以在命令行中输入 X 轴和 Y 轴的比例系数。

(2) X、Y、Z:输入 X 轴、Y 轴、Z 轴的比例系数。

(3)"统一比例":选定后,各轴统一使用 X 轴的比例系数。

"旋转":设置插入块的旋转角度。

(1)"在屏幕上指定":可以使用鼠标指定旋转方向,也可以在命令行中输入旋转角度。

(2)"角度":设置插入块的旋转角度。

"块单位":显示有关块单位的信息,不能修改。

"分解":选择该选项,则会将插入的块分解,分解成原来的对象(即合成块前的各个对象)。不选择该选项,则插入的块将是一个整体对象。

2. 插入图块的操作方法

(1)在快速访问工具栏中单击"打开"按钮 。在弹出的"打开"对话框中选择"沙发.dwg"文件,如图 2.13 所示。

(2)选择"插入"→"块"菜单命令,弹出"插入"对话框,如图 2.14 所示。

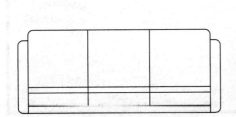

图 2.13 打开"沙发.dwg"文件

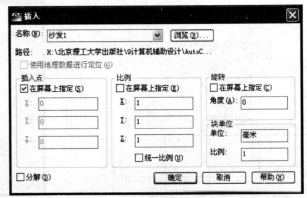

图 2.14 "插入"对话框

(3)单击"浏览"按钮,在弹出的"选择图形文件"对话框中选择"沙发1.dwg",如图2.15所示。

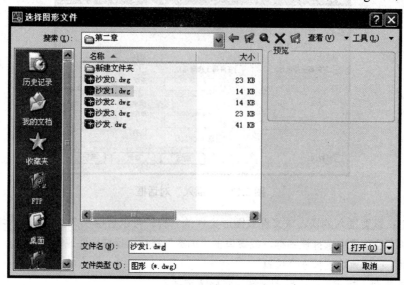

图 2.15 "选择图形文件"对话框

(4)单击"打开"按钮,将沙发1插入到组合沙发中并调整到合适的位置,完成后效果如图2.16所示。

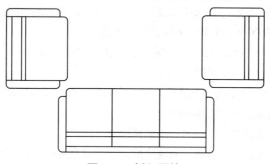

图 2.16 插入图块

(5)用同样的方法插入其他图块并调整其到相应的位置,完成后效果如图2.17所示。

(6)在快速访问工具栏中单击"保存"按钮■。在弹出的"图形另存为"对话框中选择好要保存的位置,然后设置文件名为"沙发"。单击"保存"按钮,将平面图进行保存,如图2.18所示。

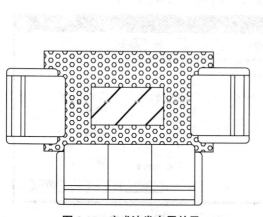

图 2.17 完成沙发布置效果

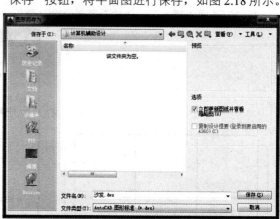

图 2.18 "图形另存为"对话框

※ 2.6 坐标系

坐标系是定位图形的最基本手段，任何物体在空间的位置都是通过一个坐标系来定位的，因此，要想精确地绘制图形，首先必须正确的掌握坐标系的概念以及坐标点的输入方法。

AutoCAD 2017 中有两种坐标系统，分别是世界坐标系（WCS）和用户坐标系（UCS）。系统默认为世界坐标系。

2.6.1 WCS 和 UCS 坐标系的应用与设置

1. 世界坐标系

在世界坐标系中，X 轴是指水平的方向，Y 轴是指垂直的方向，在 XY 轴交界处显示一个"□"形标记，但坐标原点并不在坐标轴的交汇点，而是位于图形窗口的左下角，如图 2.19 所示。所有的位移都是相对于坐标原点进行计算的，并且规定沿 X 轴正向及 Y 轴正向为正方向。

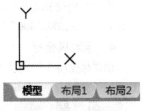

图 2.19　世界坐标系

2. 用户坐标系

为了能够更方便地绘图，用户经常要改变坐标系的原点及方向，这时坐标系就变成了用户坐标系。用户坐标系的原点及 X、Y、Z 轴方向都可以移动和旋转，甚至可以依赖于图形中某个特定的对象而变化。尽管用户坐标系中 3 个轴仍然是相互垂直的关系，但是在方向及位置上有更大的灵活性。用户坐标系坐标轴交界处没有"□"形标记。

【操作实例 2.1】设置用户坐标系

（1）选择"工具"→"命名 UCS"命令，在弹出"UCS"对话框中设置"命令 UCS"选项，如图 2.20 所示。

（2）在视图区某个位置单击，这时世界坐标系就变成了用户坐标系，并移动到新的位置，该位置就变成了新坐标系的原点，如图 2.21 所示。

（3）也可以在"命令提示区"中直接输入 UCS✓。

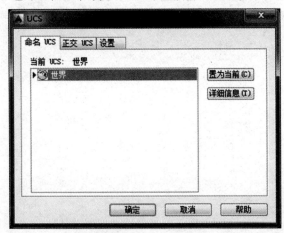

图 2.20　"UCS"对话框

图 2.21　用户坐标系

2.6.2 点坐标的表示方法

在 AutoCAD 2017 中，表示点坐标的方法有绝对直角坐标、绝对极坐标、相对直角坐标和相对极坐标 4 种。

1．绝对直角坐标

绝对直角坐标是从原点"0，0"或"0，0，0"出发的位移，可以使用分数、小数或科学计数等形式表示 X、Y、Z 坐标值，坐标之间用逗号隔开，如"2.5，5.6""6.8，2.3，6.6"。

2．绝对极坐标

绝对极坐标是从原点出发的位移，但是它是用距离和角度确定的，之间用"<"分开。其中距离是离开原点的距离，角度是与 X 轴正方向的夹角，且规定 X 轴正向为 0°，Y 轴正向为 90°，如"120<60"表示距离为 120，角度为 60°。

3．相对直角坐标

相对直角坐标是指相对于某一点的 X 轴和 Y 轴位移，其表示方式是在绝对坐标的表达方式前加上 @，如"@200，400"或"@300，600"。

4．相对极坐标

相对极坐标中的角度是新点与上一个点连线和水平轴间的夹角。

习 题

1．思考题

（1）AutoCAD 2017 有哪些主要功能？
（2）标题栏与菜单栏有哪些特点？
（3）如何新建与打开图形文件？
（4）设置插入块的技巧操作是怎样的？

2．上机题

（1）打开 AutoCAD 2017 软件，熟悉 AutoCAD 2017 软件的工作界面，熟悉菜单栏、工具箱、命令面板中的内容。

（2）运行素材文件"学习情境 2 AutoCAD 2017 基础知识"文件夹中图像练习，了解作品的特点。

（3）练习要求：绘制写字台、双人沙发，结合多断线、矩形、椭圆、倒圆角、复制、阵列、剪切等命令。

学习情境 3
AutoCAD 2017 标注基本操作

AutoCAD 提供了尺寸标注类型，分别为：快速标注、线性标注、对齐标注、坐标标注、半径标注、直径标注、角度标注、基线标注、连续标注、引线标注、公差标注、圆心标注等标注类型。

本学习情境主要解决的问题
1. 怎样设置尺寸标注的样式？
2. 什么是尺寸标注方式？
3. 掌握设计中心管理的使用方法。

※ 3.1 尺寸标注方式

在"标注"菜单和"标注"工具栏中列出了尺寸标注的类型,如图 3.1 所示。

图 3.1   "标注"工具栏

3.1.1 设置尺寸标注的样式操作

1. 创建直线新标注样式

(1)在"标注"工具栏选取"标注样式"命令,打开"标注样式管理器"对话框,单击"新建"按钮,打开"创建新标注样式"对话框,如图 3.2 所示。

(2)在"基础样式"下拉列表框中选中"ISO-25"样式。

(3)在"新样式名"文本框中输入"直段"。

(4)单击"继续"按钮,打开"新建标注样式:直段"对话框,如图 3.3 所示。

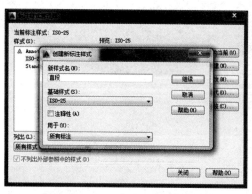

图 3.2   "创建新标注样式"对话框   图 3.3   "新建标注样式"对话框

2. 设置"线"和"符号和箭头"选项卡

(1)在"尺寸线"选项组设置:"颜色"为"随层","线宽"为"随层","超出标记"设为"0","基线间距"输入"7"。

(2)在"尺寸界线"选项组设置:"颜色"为"随层","线宽"为"随层","超出尺寸线"为"2","起点偏移量"为"0"。

(3)在"箭头"选项组设置:在"第一个"和"第二个"下拉列表框中选择"实心闭合","箭头大小"为"3"。其他选项为默认值。

3. 设置"文字"选项卡

(1)在"文字外观"选项组设置:"文字样式"下拉列表框中选择"工程图尺寸","文字颜色"

为"随层","文字高度"为"2.4"。

（2）在"文字位置"选项组设置,"垂直"下拉列表框选择"上方","水平"下拉列表框中选择"置中",从"尺寸偏移量"输入"1"。

（3）"文字对齐"选择"与尺寸线对齐"。

4. 设置"调整"选项卡

（1）在"调整选项"选项组选择"文字或箭头（取最佳效果）"。

（2）在"文字位置"选项组选择"尺寸线旁边"。

（3）在"标注特征比例"选项组中选择"使用全局比例"。

（4）在"优化"选项组选择"始终在尺寸线之间绘制尺寸线"。

5. 设置"主单位"选项卡

（1）在"线性标注"选项组设置："单位格式"选择"小数","精度"下拉列表框中选择"0"。

（2）在"角度标注"选项组设置："单位格式"选择"十进制度数","精确"下拉列表框中选择"0"。其余选项均为默认值。

6. 完成设置

设置完成后，单击"确定"按钮，返回"标注样式管理器"对话框，并在"样式"列表框中显示"直段"尺寸标注样式标注尺寸。

3.1.2 标注线性尺寸

操作标注线性尺寸功能用于水平、垂直、旋转尺寸的标注，如图 3.4 所示。

（1）在绘图区域绘制一个矩形。

（2）选择"格式"→"标注样式"命令，在弹出的"标注样式管理器"对话框中，设置其各项参数。

（3）选择"标注"→"线性"命令，在绘图区单击鼠标左键指定起始点，确认"正交"按钮、"对象捕捉"按钮和"对象捕捉追踪"按钮处于打开状态，分别标注矩形的长度和宽度，如图 3.5 所示。

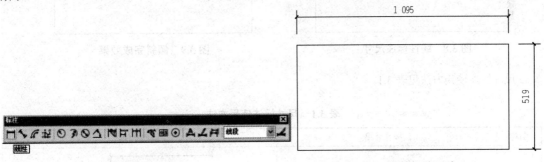

图 3.4　线性"标注"　　　　图 3.5　线性标注尺寸

3.1.3 标注基线尺寸操作

（1）在绘图区域绘制一个大矩形中包含着一个小矩形，如图 3.6 所示。

（2）选择"格式"→"标注样式"命令，在弹出的"标注样式管理器"对话框中，设置其各项参数。

（3）选择"标注"→"基线"命令，在绘图区域单击鼠标左键指定起始点，确认"正交"按钮、"对象捕捉"按钮 和"对象捕捉追踪"按钮 处于打开状态,分别标注矩形的长度和宽度。

(4)在绘图区域指定第二个尺寸界线的起始点,标注出包含的矩形尺寸,如图3.7所示。

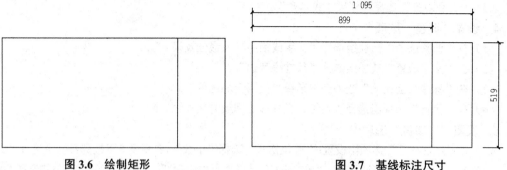

图3.6 绘制矩形　　　　　　　　图3.7 基线标注尺寸

3.1.4 编辑尺寸倾斜操作

(1)在绘图区域绘制一个矩形,并用线性命令标注出尺寸,如图3.8所示。

(2)选择"标注"→"倾斜"命令,在命令提示区输入O↙。

(3)在绘图区域单击标注的尺寸界线,然后单击鼠标右键确定起始点位置。

(4)在命令提示区输入30↙,标注尺寸会以倾斜30°显示,如图3.9所示。

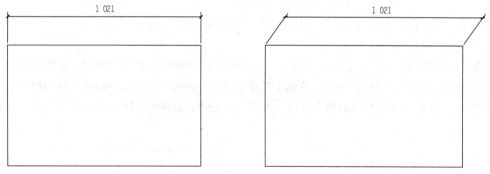

图3.8 线性标注尺寸　　　　　　图3.9 倾斜完成效果

尺寸标注使用方法见表3.1。

表3.1 尺寸标注使用方法

名称	操作步骤	绘制效果
线性标注	线性标注命令可标注水平或垂直方向的尺寸。也可以通过以下几种方法执行线性标注命令: 在命令提示行中输入"DIMLINEAR"。 单击"标注"工具栏上"线性"标注按钮。 确认"正交"按钮 、"对象捕捉"按钮 和"对象捕捉跟踪"按钮 处于打开状态。 在绘图区域单击鼠标指定矩形起始点,分别标注梯形的长度,如图3.10所示为标注尺寸后的效果	图3.10 标注矩形尺寸

续表

名称	操作步骤	绘制效果
对齐标注	对齐标注命令是应用于尺寸标注线与对象平行的标注方式。可以通过以下几种方法执行对齐标注命令： 在命令提示行中输入"DIMALIGNED"。 单击"对齐"标注按钮，选择要标注的对象。 移动光标会出现标注线及尺寸，移至适当位置后单击鼠标左键即可完成该对象的尺寸标注，如图3.11所示为标注尺寸后的效果	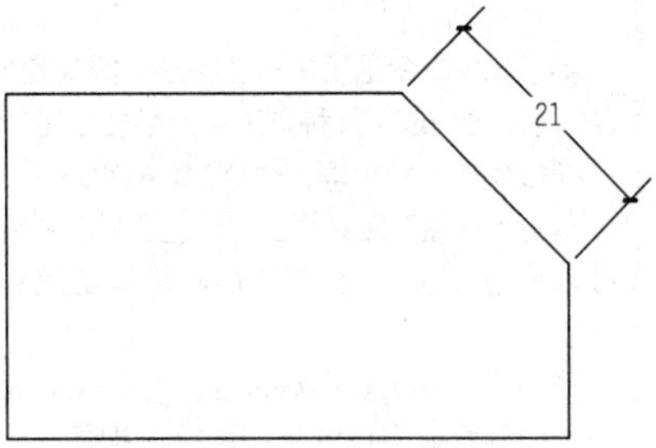 图3.11 对齐标注尺寸
弧长标注	弧长标注用于测量圆弧或多段线弧线段上的距离。弧长标注的延伸线可以正交或径向。在标注文字的上方或前面将显示圆弧符号。可以通过以下几种方法执行弧长标注命令： 在命令提示行中输入"DIMARC"。 单击"标注"工具栏上"弧长"标注按钮，选择要标注的对象。 移动光标会出现标注线及尺寸，移至适当位置后单击鼠标左键即可完成该对象的尺寸标注，如图3.12所示为标注尺寸后的效果	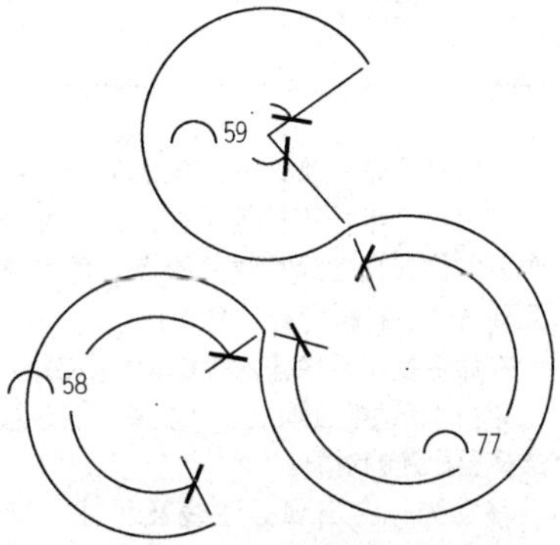 图3.12 标注弧长尺寸
坐标标注	坐标标注命令可以用来标注选择坐标点的X或Y值（绝对坐标值）；由于标注的是X或Y值，因此使用此命令时最好打开"正交"模式。可以通过以下几种方法执行坐标标注命令： 在命令提示行中输入"DIMORDINATE"。 单击"标注"工具栏上"坐标"标注按钮。 确认"对象捕捉"按钮处于打开状态，单击"坐标"标注按钮，指定要标注的坐标端点。 移动光标会出现引线，如引出位于水平方向，可以标示出Y坐标值，接着移动引线到合适的位置，单击鼠标左键完成显示标注。如图3.13所示为标注X坐标值尺寸后的效果。 如引出位于垂直方向，可以标示出X坐标值，接着移动引线到合适的位置，单击鼠标左键完成显示标注。如图3.14所示为标注Y坐标值尺寸后的效果	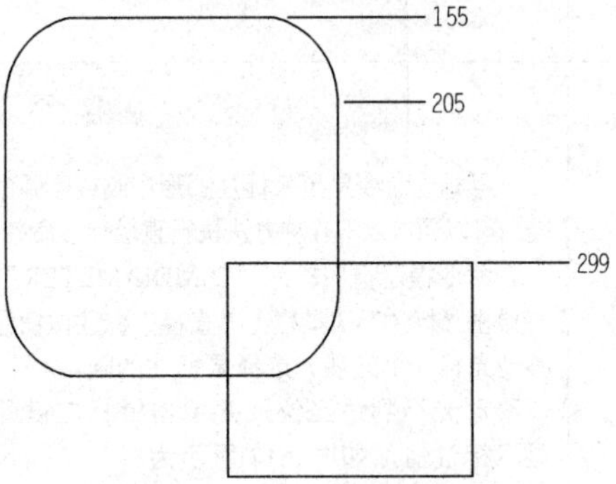 图3.13 标注X坐标值尺寸 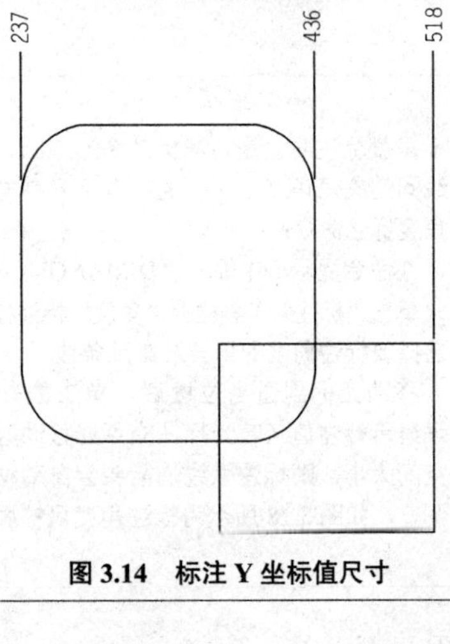 图3.14 标注Y坐标值尺寸

续表

名称	操作步骤	绘制效果
半径标注	半径标注命令是用来标注图形中圆或圆弧的半径。可以通过以下几种方法执行半径标注命令： 在命令提示行中输入"DIMRADIUS"。 单击"标注"工具栏上"半径"标注按钮◎。 移动光标到要标注的圆周上并单击鼠标左键选取。 移动光标会出现引线并随光标移动，然后移动引线到合适的位置单击鼠标左键即可完成该对象的尺寸标注，如图3.15所示为标注半径尺寸后的效果	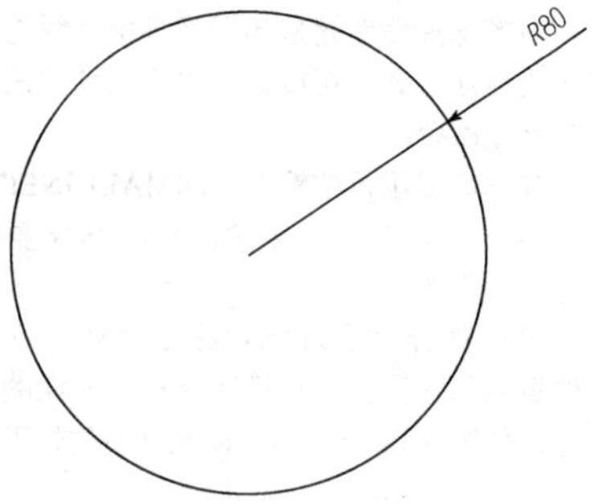 图3.15 标注半径尺寸
折弯标注	折弯命令是测量选定对象的半径，并显示前面带有一个半径符号的标注文字。可以在任意合适的位置指定尺寸线的原点。可以通过以下几种方法执行折弯标注命令： 在命令提示行中输入"DIMJOGGED"。 单击"标注"工具栏上"折弯"标注按钮。 选择要标注的对象。 移动光标会出现标注线及尺寸，移至适当位置后单击鼠标左键即可完成该对象的尺寸标注，如图3.16所示为标注折弯尺寸后的效果	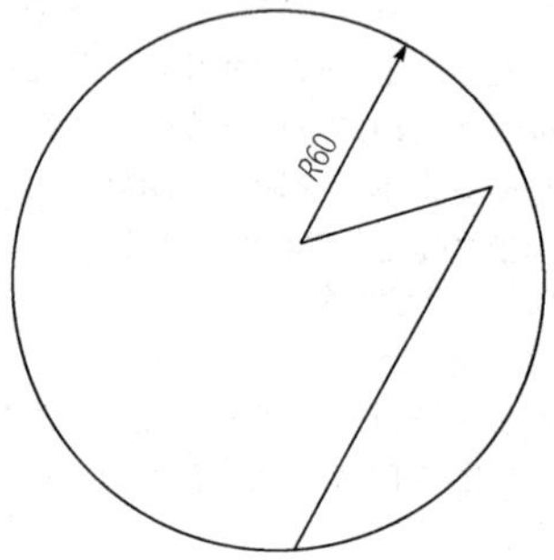 图3.16 标注折弯尺寸
直径标注	直径标注命令是用来标注图形中圆或圆弧的直径。可以通过以下几种方法执行直径标注命令： 在命令提示行中输入"DIMDIAMETER"。 单击"标注"工具栏上"直径"标注按钮◎。 移动光标（小方块）选择要标注的圆。 移动光标到适当位置并单击鼠标左键即可显示标注值，如图3.17所示为标注直径尺寸后的效果	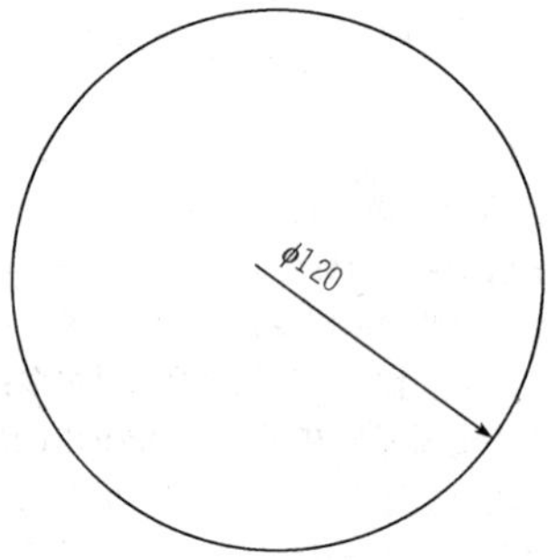 图3.17 标注直径尺寸
角度标注	角度标注命令是用来标注图形中圆、弧或两线间的夹角角度。可以通过以下几种方法执行角度标注命令： 在命令提示行中输入"DIMANGULAR"。 单击"标注"工具栏上"角度"标注按钮△。 选择要标注角度的第一及第二条线。 移动光标到适当位置后，单击鼠标左键即可显示标注值（若光标往交点处移动时标注的空间太小，则标注弧线的箭头会自动移动至外侧），如图3.18所示为标注角度尺寸后的效果	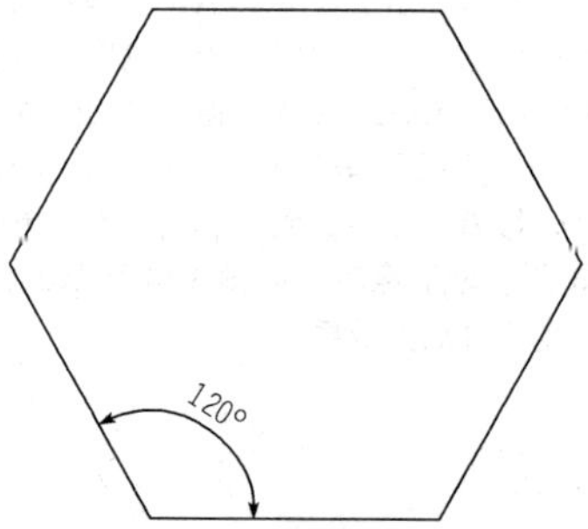 图3.18 标注角度尺寸

名称	操作步骤	绘制效果
快速标注	快速标注命令是从选定的对象快速创建一系列标注。可以通过以下几种方法执行快速标注命令： 在命令提示行中输入"QDIM"。 单击"标注"工具栏上"快速标注"标注按钮。选择要标注的对象。 单击鼠标右键或按 Enter 键，移动光标到合适的位置后，单击鼠标左键即可完成快速标注，如图 3.19 所示为快速标注后的效果	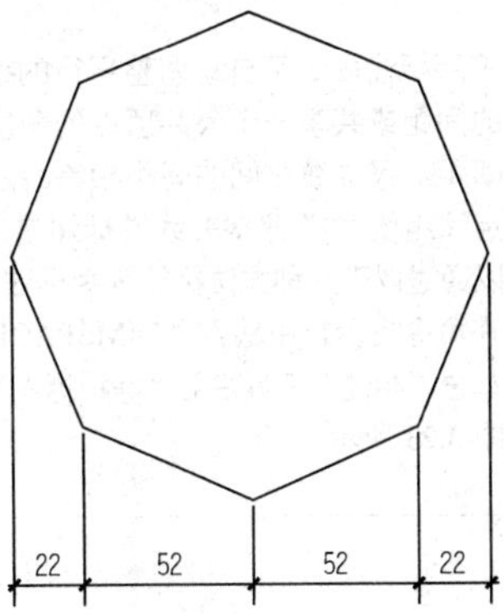 图 3.19 快速标注尺寸
基线标注	基线标注命令是以一标注线为基准的固定线，做连续尺寸标注的方法，可标注线性或角度尺寸，执行时必须与线性或角度标注命令搭配应用。可以通过以下几种方法执行基线标注命令： 在命令提示行中输入"DIMBASELINE"。 单击"标注"工具栏上"基线"标注按钮。 选在绘图区域单击鼠标左键指定起始点，确认"正交"按钮和"对象捕捉"按钮处于打开状态，标注基本三角形的尺寸，如图 3.20 所示。 选择"标注"→"基线"命令，在绘图区指定第二个尺寸界线的起始点，然后分别标注其他图形的长度和宽度，如图 3.21 所示	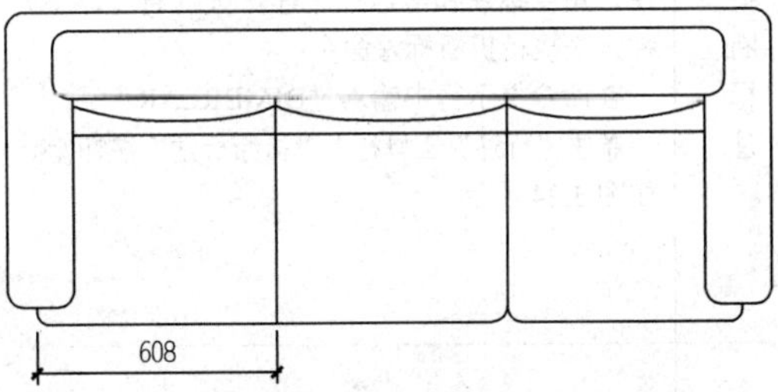 图 3.20 标注基本尺寸 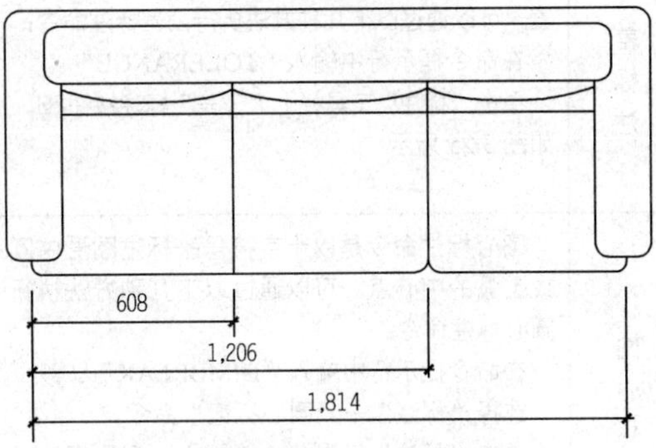 图 3.21 标注基线尺寸
连续标注	连续标注命令是以连续的方式连续标注尺寸，可标注线性或角度尺寸，执行时需配合线性或角度标注命令搭配使用。可以通过以下几种方法执行连续标注命令： 在命令提示行中输入"DIMBASELINE"。 单击"标注"工具栏上"连续"标注按钮。 在绘图区域单击鼠标左键指定起始点，确认"正交"按钮和"对象捕捉"按钮处于打开状态，标注尺寸。 选择"标注"→"连续"命令，在绘图区指定第二个尺寸界线的起始点，然后分别标注其他图形的长度，如图 3.22 所示	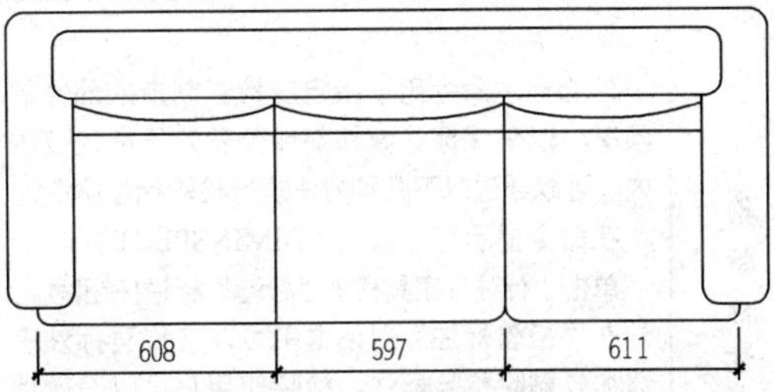 图 3.22 标注连续尺寸

续表

名称	操作步骤	绘制效果
等距标注	等距标注命令可自动调整平行的线性标注之间的间距或共享一个公共顶点的角度标注之间的间距。尺寸线之间的间距相等。还可以通过使用间距值"0"来对齐线性标注或角度标注。可以通过以下几种方法执行等距标注命令： 在命令提示行中输入"DIMSPACE"。 单击"标注"工具栏上"等距标注"按钮，如图3.23所示	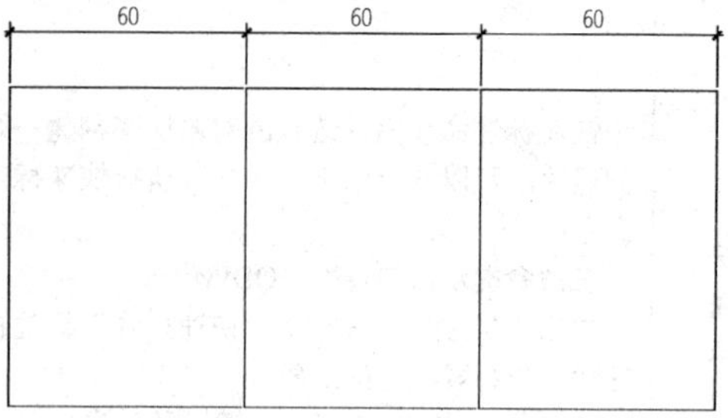 图3.23 等距标注尺寸
折断标注	折断标注命令可以将折断标注添加到线性标注、角度标注和坐标标注等。可以通过以下几种方法执行折断标注命令： 在命令提示行中输入"DIMBREAK"。 单击"标注"工具栏上"折断标注"按钮，如图3.24所示	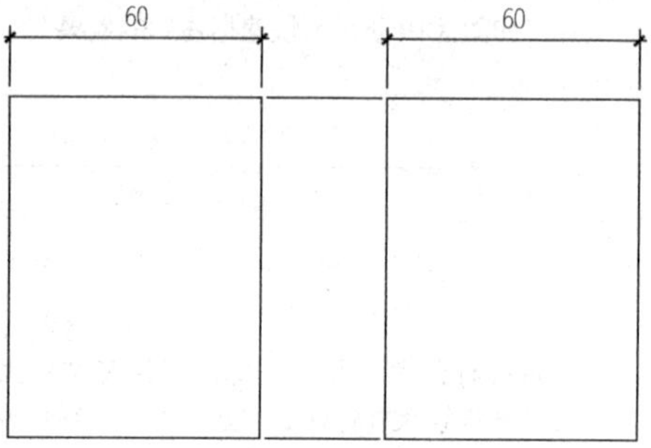 图3.24 折断标注尺寸
公差标注	公差命令可用来标注工程制图中的几何公差。可以通过以下几种方法执行公差标注命令： 在命令提示行中输入"TOLERANCE"。 单击"标注"工具栏上"公差"标注按钮，如图3.25所示	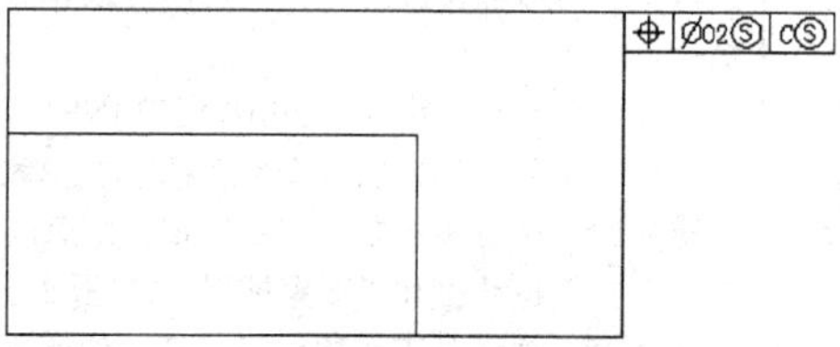 图3.25 公差标注尺寸
圆心标注	圆心标注命令是以十字符号来标注图形中圆或圆弧的中心点。可以通过以下几种方法执行圆心标注命令： 在命令提示行中输入"DIMBREAK"。 选择"标注"→"圆心标记"命令。 单击"标注"工具栏上"圆心标记"标注按钮，选择要标注的圆或圆弧。 首先标注圆，可以移动光标到圆周上单击鼠标左键选取，即完成圆心标注，如图3.26所示	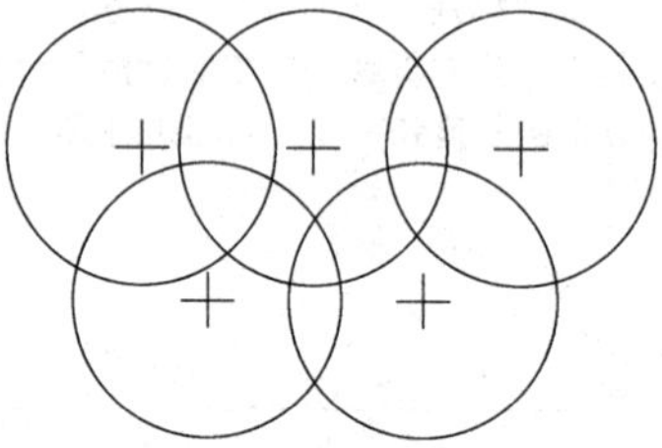 图3.26 圆心标注尺寸
检验标注	检验标注命令用于指定应检查制造的部件的频率，以确保标注值和部件公差处于指定范围内。可以通过以下几种方法执行检验标注命令： 在命令提示行中输入"DIMINSPECT"。 单击"标注"工具栏上"检验"标注按钮。 在"检验标注"对话框中可以在现有标注中添加或删除检验标注。检验使用户可以有效地传达应检查制造的部件的频率，以确保标注值和部件公差处于指定范围内，如图3.27所示	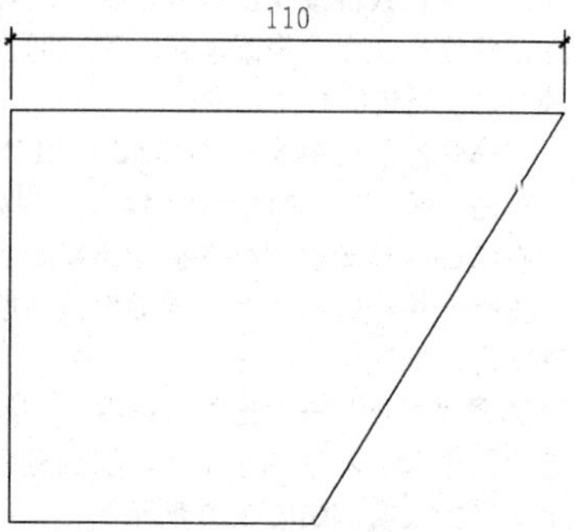 图3.27 检验标注尺寸

续表

名称	操作步骤	绘制效果
折弯线性标注	折弯线性标注命令是在线性标注或对齐标注中添加或删除折弯线。可以通过以下几种方法执行折弯线性标注命令： 在命令提示行中输入"DIMJOGLINE"。 单击"标注"工具栏上"折弯线性"标注按钮 。 选择线性标注线。 移动光标到适当位置后，单击鼠标左键即可显示折弯线性标注，如图 3.28 所示为折弯线性完成后的效果	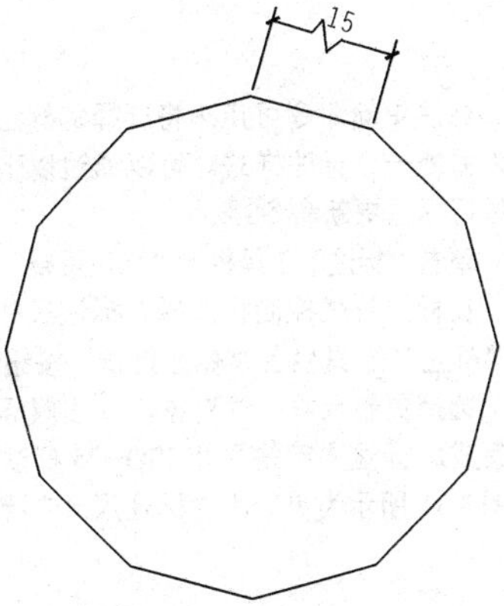 图 3.28 折弯线性标注效果
编辑标注	编辑标注命令是调整线性标注延伸线的倾斜角度或者旋转角度。可以通过以下几种方法执行倾斜标注命令： 在命令提示行中输入"DIMEDIT"。 单击"标注"工具栏上"编辑标注"标注按钮 。 在命令提示区输入 60↵，即可显示倾斜标注。如图 3.29 所示为倾斜完成后的效果。 在命令提示区输入 R↵，30↵，即可显示旋转标注	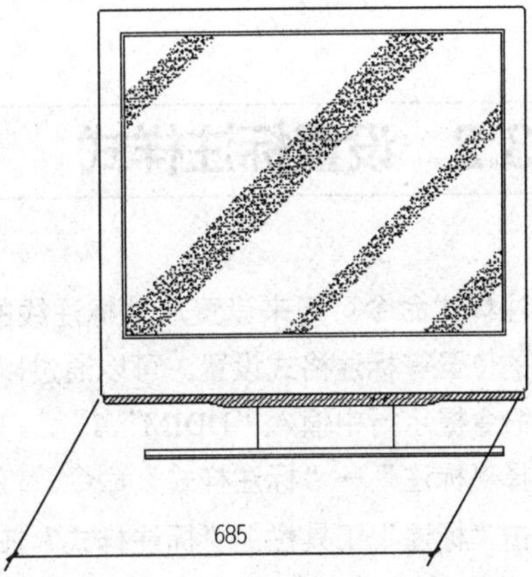 图 3.29 倾斜标注完成效果
编辑标注文字	编辑标注文字命令是用来调整标注文字位置，例如靠左、靠右或旋转某个角度。可以通过以下几种方法执行编辑标注命令： 在命令提示行中输入"DIMTEDIT"。 单击"标注"工具栏上"编辑标注文字"按钮 ，选择要编辑尺寸标注对象。 单击鼠标右键，在弹出的快捷菜单中选择"左对齐"。确定完成后即可将标注文字置于左侧，如图 3.30 所示。用同样的方法可以执行其他标注文字选项	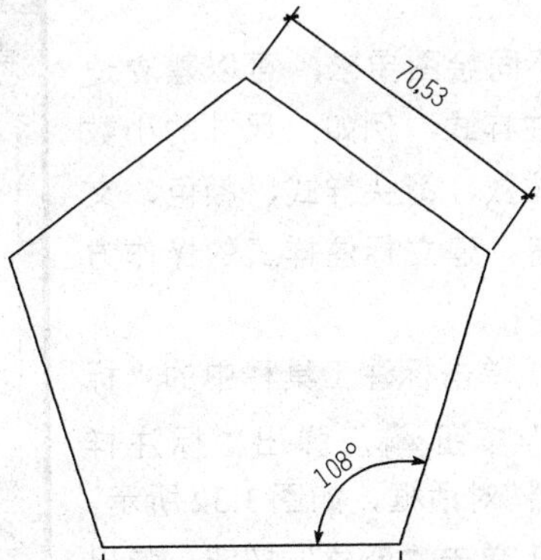 图 3.30 左对齐标注效果

续表

名称	操作步骤	绘制效果
标注更新	标注更新命令可用来将选择的标注文字更新为另外一个标注样式。可以通过以下几种方法执行标注更新命令： 单击"标注"工具栏上"标注更新"按钮。 在标注样式控制栏选择"标注尺寸"，单击"标注"工具栏上"标注更新"按钮。 选择更新尺寸标注对象，单击鼠标右键即可完成，标注文字是采用 ISO-25 标注样式，如图 3.31 所示为更新为"标注尺寸"标注样式	图 3.31 更新标注尺寸效果

※ 3.2 设置标注样式

标注样式命令可用来设置尺寸标注线的显示样式、尺寸标注线间的距离，箭头显示的方式、标注文字的位置等标注格式设置。可以通过以下几种方法执行标注样式命令：

在命令提示行中输入"**DDIM**"。
选择"标注"→"标注样式"命令。
单击"标注"工具栏上"标注样式"按钮。

3.2.1 新建标注样式

依不同绘图要求，可以建立适当的标注样式，例如，尺寸的小数点精确位数、箭头样式、颜色、文字大小等。建立标注样式的操作方法如下：

（1）单击标注工具栏中的"标注样式"按钮，弹出"标注样式管理器"对话框，如图 3.32 所示。

（2）单击"新建"按钮，弹出"创建新标注样式"对话框，在"新样式名"栏输入名称"标注"，如图 3.33 所示。

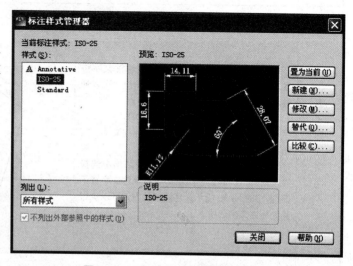

图 3.32 "标注样式管理器"对话框

(3)单击"继续"按钮,弹出"新建标注样式:标注"对话框,选择"线"选项卡,在"尺寸线"区设置尺寸线的颜色及线宽,在"尺寸界线"区设置延伸线的颜色及线宽,如图3.34所示。

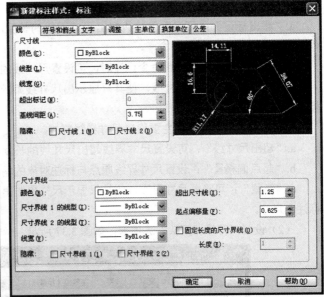

图3.33 "创建新标注样式"对话框   图3.34 "新建标注样式:标注"对话框

(4)单击"确定"按钮,返回到"标注样式管理器"对话框,在"样式"栏出现"标注"样式,单击"关闭"按钮,如图3.35所示。

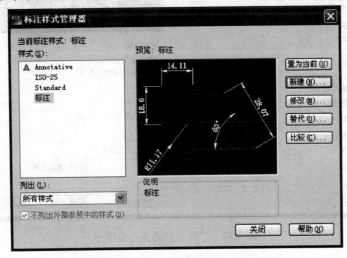

图3.35 "标注样式管理器"对话框

(5)建立标注样式后,选择标注样式控制栏的按钮,在弹出的下拉列表中就可以选择刚刚新建的标注样式,如图3.36所示。

图3.36 选择标注样式

在"新建标注样式:标注"对话框中,各选项卡的设置功能说明如下:

(1) 设置"线"选项卡,如图 3.34 所示。

① "尺寸线"区域,主要设置尺寸线样式。

a. "超出标记":可设置尺寸线超出尺寸界线的长度,只有在箭头样式选用短斜线时此项才有作用。

b. "基线间距":以基线命令标注时,可设置尺寸线的距离。

c. "隐藏":可隐藏尺寸线,使其只显示出尺寸线第一边或第二边,或者整条尺寸皆不显示,只标注出尺寸。

② "尺寸界线"区域,主要设置尺寸界线样式。

a. "超出尺寸线":可设置尺寸界线超出尺寸线的长度。

b. "起点偏移量":设置尺寸界线原点与标注对象的偏移量。

c. "隐藏":可隐藏尺寸界线,使其只显示尺寸界线第一边或第二边,或尺寸界线皆不显示,只标注出尺寸。

(2) 设置"符号和箭头"选项卡,如图 3.37 所示。

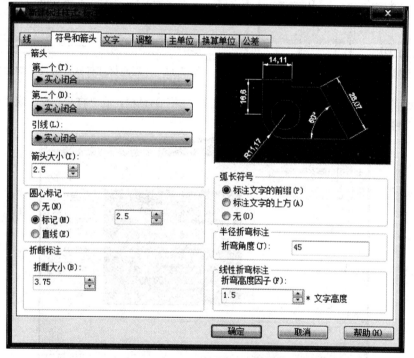

图 3.37 "符号和箭头"选项卡

① "箭头"区域,主要设置尺寸线第一边与第二边的箭头样式。

"第一个""第二个""引线":可以在出现的下拉列表中选择尺寸线的箭头样式。

② "圆心标记"区域,主要设置中心标记样式,所以只有标注圆的圆心标记时此栏的设置才有作用。

a. "无":不显示中心标记。

b. "标记":显示中心标记。

c. "直线":显示中心标记及中心线。

(3) 设置"文字"选项卡,如图 3.38 所示。

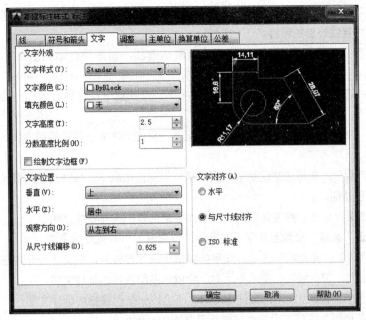

图 3.38 "文字"选项卡

① "文字外观"区域,设置标注文字的样式、颜色、高度,以及是否为标注文字加上外框。
② "文字位置"区域,设置标注文字放置的位置。
a. "垂直":设置标注文字的垂直对齐方式;可设置置中、上方、外部。
b. "水平":设置标注文字放置的位置,如置中、位于尺寸界线 1、位于尺寸界线 2 等。
c. "从尺寸线偏移":设置标注文字尺寸线间的距离。
③ "文字对齐"区域,设置文字对齐的方式,有水平、与尺寸线对齐及 ISO 标准方式。
(4)设置"调整"选项卡,如图 3.39 所示。

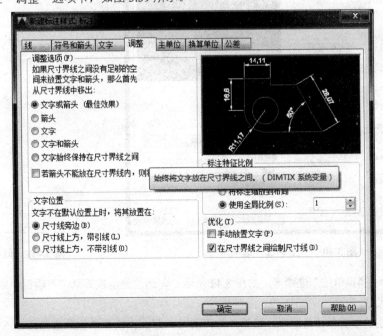

图 3.39 "调整"选项卡

①"调整选项"区域，如果没有足够的空间将标注文字及箭头同时放置在尺寸界线内时，选择最先要移动到尺寸界线外部的项目。

a."文字或箭头（最佳效果）"：此项目为默认选项，由系统自动判断文字与箭头的最佳调整位置。

b."箭头"：在标注空间足够放置箭头的情况下，箭头置于尺寸界线内侧，否则箭头优先置于外侧。

c."文字"：在标注空间足够放置文字的情况下，标注文字置于尺寸界线内侧，否则文字优先置于外侧。

d."文字和箭头"：在标注空间足够放置文字与箭头的情况下，标注文字与箭头都置于尺寸界线内侧，否则均置于外侧。

e."文字始终保持在尺寸界线之间"：标注文字永远置于尺寸界线之间。

②"文字位置"区域，设置当文字不在默认的位置时，将其放置的位置。

a."尺寸线旁边"：此为默认选项，文字如果置于尺寸界线外，则文字会标注在线上。

b."尺寸线上方，带引线"：空间不足时，会以一条引线指向标注文字。

c."尺寸线上方，不带引线"：空间不足时，不会以一条引线指向标注文字。

③"标注特征比例"区域，设置标注箭头及文字的比例大小。

选择"使用全局比例"项目，可以设置标注箭头及文字的比例大小，避免标注显示太大或太小。

（5）设置"主单位"选项卡，如图3.40所示。例如，以十进位制的单位格式，设置线性标注的精确度为小数点后两位，角度标注的精确度为小数点后两位，会得到如图3.41所示的标注结果。

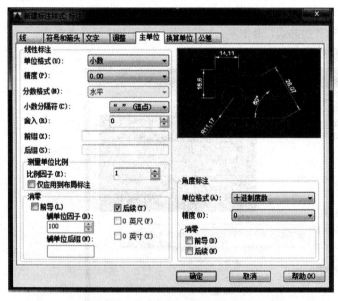

图3.40 "主单位"选项卡

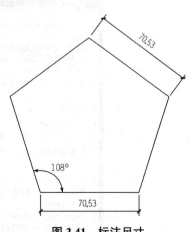

图3.41 标注尺寸

（6）设置"换算单位"选项卡，如图3.42所示。勾选"显示换算单位"项目，则可以多用另外一个单位标注尺寸。

例如，标注的主要单位是厘米，换算单位用英寸，那么在换算单位乘法器栏输入0.039 4，就可以同时以厘米及英寸标注尺寸，标注实例如图3.43所示。

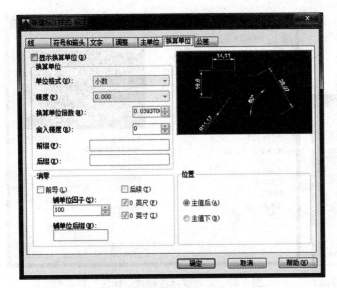

图 3.42 "换算单位"选项卡

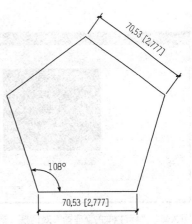

图 3.43 换算单位后效果

(7) 设置"公差"选项卡,如图 3.44 所示。"公差"选项卡,可以设置公差标注方式。

在方式栏可以选择的公差标注方式有对称、极限偏差、极限尺寸、基本尺寸等项目,而且可以在上偏差和下偏差栏设置公差范围。如图 3.45 所示为标注实例。

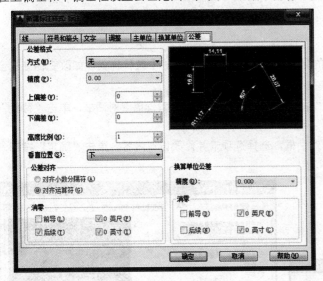

图 3.44 "公差"选项卡

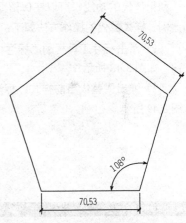

图 3.45 无公差标注效果

3.2.2 修改标注样式

要修改标注样式内容的操作方法如下:

(1) 单击标注工具栏的"标注样式"按钮,弹出"标注样式管理器"对话框,在"样式"栏选择"标注",单击"修改"按钮,如图 3.46 所示。

(2) 弹出"修改标注样式:标注"对话框,选择要修改的选项卡并修改设置内容,如图 3.47 所示。

图 3.46 "标注样式管理器"对话框（选择修改）

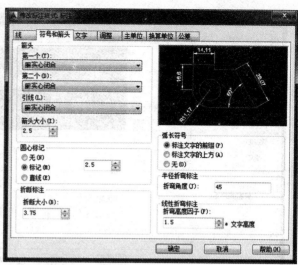

图 3.47 "修改标注样式：标注"对话框

设置完成后单击"确定"按钮，返回到"标注样式管理器"对话框，单击"关闭"按钮完成修改。

3.2.3 样式替代

利用替代的功能，可以在保留原来的标注样式的情况下，新增一个替代样式，如改变标注的全局比例。样式替代的操作方法如下：

（1）单击标注工具栏的"标注样式"按钮，弹出"标注样式管理器"对话框，单击"替代"按钮，如图 3.48 所示。

（2）弹出"替代当前样式：标注"对话框，选择选项卡并修改设置内容，单击"确定"按钮，如图 3.49 所示。

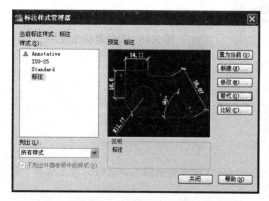

图 3.48 "标注样式管理器"对话框（选择替代）

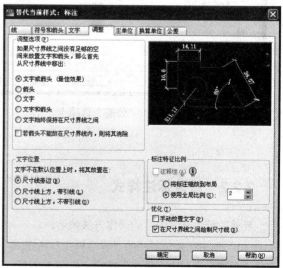

图 3.49 "替代当前样式：标注"对话框

（3）设置完成后单击"确定"按钮，返回到"标注样式管理器"窗口后，选择"关闭"按钮后完成替代。接下来如果在绘图区域进行标注的工作，就会以原来的标注样式加上替代后的样式设置来进行标注。

另外，如果要把替代后的样式恢复成原标注样式的设置，可在样式替代项目上单击鼠标右键，出现菜单后，选择"置为当前"样式，即把替代后的样式恢复成原标注样式的设置，如图3.50所示。

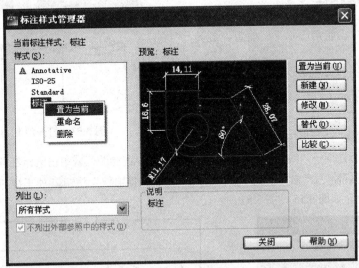

图 3.50　保持到当前样式

3.2.4　比较标注样式

文件中如果有好几种标注方式，想要比较两个标注样式的差异，其操作方法如下：

（1）单击标注工具栏中的"标注样式"按钮，弹出"标注样式管理器"对话框，单击"比较"按钮，如图 3.51 所示。

（2）弹出"比较标注样式"对话框，在"比较"栏选择 ISO-25，在"与"栏选择要比较的标注样式"标注"，即可比较两个标注样式间的差异，比较完毕选择"关闭"按钮，如图 3.52 所示。

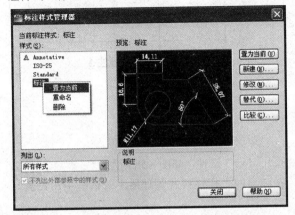

图 3.51　"标注样式管理器"对话框（选择比较）

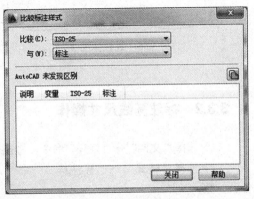

图 3.52　"比较标注样式"对话框

※ 3.3 标注尺寸应用实例

3.3.1 标注线性尺寸

标注线性尺寸功能用于水平、垂直、旋转尺寸的标注。

(1)选择"文件"→"打开"命令,打开"沙发.dwg"文件,如图3.53所示。

(2)选择"格式"→"标注样式"命令,在弹出的"标注样式管理器"对话框中,设置其各项默认参数。

(3)选择"标注"→"线性"命令,如图3.54所示,在绘图区域单击鼠标左键指定起始点,确认"正交模式"按钮、"捕捉模式"按钮和"对象捕捉追踪"按钮处于打开状态,分别标注沙发的长度和宽度,如图3.55～图3.57所示。

图3.54 "标注样式"菜单命令

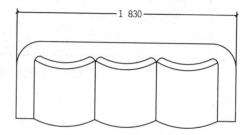

图3.55 线性标注1

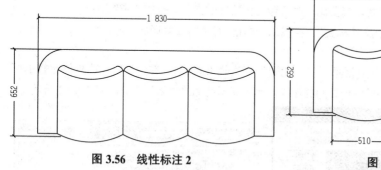

图3.56 线性标注2

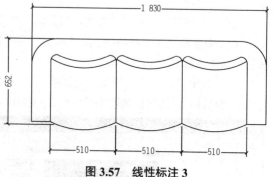

图3.57 线性标注3

3.3.2 标注基线尺寸操作

(1)选择"文件"→"打开"命令,打开"茶几.dwg"文件,如图3.58所示。

(2)选择"格式"→"标注样式"命令,在弹出的"标注样式管理器"对话框中,设置其各项参数。

(3)选择"标注"→"线性"命令,在绘图区单击鼠标左键指定起始点,确认"正交模式"

按钮 、"捕捉模式"按钮 和"对象捕捉追踪"按钮 处于打开状态，分别标注茶几外形的尺寸，如图 3.59 所示。

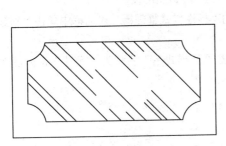

图 3.58　打开"茶几"文件

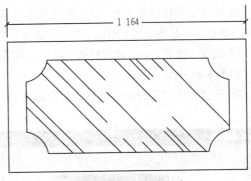

图 3.59　标注线性尺寸

（4）选择"标注"→"基线"命令，在绘图区域指定第二个尺寸界线的起始点，分别标注茶几内部的长度和宽度，如图 3.60 和图 3.61 所示。

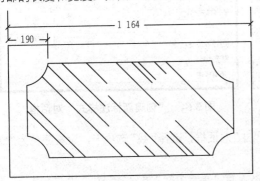

图 3.60　基线标注尺寸 1

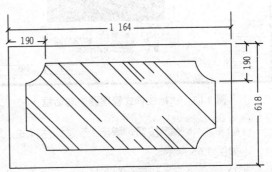

图 3.61　基线标注尺寸 2

3.3.3　标注房型图尺寸

（1）单击"文件"→"打开"命令，在弹出的"选择文件"对话框中，选择"房型图 .dwg"文件，如图 3.62 所示。

标注房型图尺寸

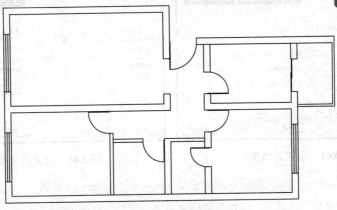

图 3.62　打开房型图 .dwg 文件

（2）单击"图层"工具栏中的"图层特性管理器"按钮，弹出"图层特性管理器"对话框。

（3）在"图层特性管理器"对话框中单击"新建图层"按钮，并将其命名为"尺寸"层，其颜色选取"绿色"，其他设置为默认。单击"置为当前"按钮，将该图层设为当前图层。

（4）选择"格式"→"标注样式"命令，在弹出的"标注样式管理器"对话框中单击"新建"按钮，如图3.63所示。

（5）在弹出的"创建新标注样式"对话框中，设置"新样式名"名称为"尺寸"，如图3.64所示。

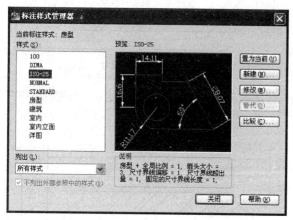

图3.63 "标注样式管理器"对话框

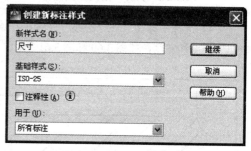

图3.64 "创建新标注样式"对话框

（6）单击"继续"按钮，弹出"新建标注样式：尺寸"对话框，选择"线"选项卡，设置颜色为"绿色"，如图3.65所示。

（7）选择"符号和箭头"选项卡，在"箭头"区设置"第一个""第二个"为"30度角"，"引线"设置为"小点"，如图3.66所示。

图3.65 设置线颜色

图3.66 设置符号和箭头

（8）选择"文字"选项卡，设置文字颜色为"绿色"，如图3.67所示。

（9）选择"主单位"选项卡，设置单位格式为"小数"，精度为"0"，如图3.68所示。

图 3.67 设置文字颜色　　　　　　图 3.68 设置单位精度

（10）单击"确定"按钮，返回到"标注样式管理器"对话框，在"样式"栏出现"尺寸"样式，单击"关闭"按钮，如图 3.69 所示。

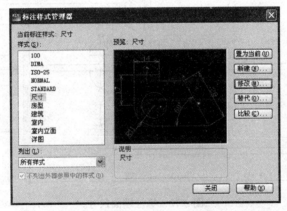

图 3.69 "标注样式管理器"对话框

（11）选择"标注"→"线性"命令，在床头柜中单击鼠标左键指定起始点，标注房门尺寸，如图 3.70 所示。

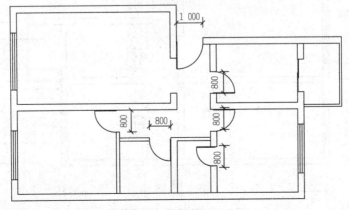

图 3.70 标注房门尺寸

(12)选择"标注"→"基线"命令,在绘图区域指定第二个尺寸界线的起始点,标注出窗的长度,如图 3.71 所示。

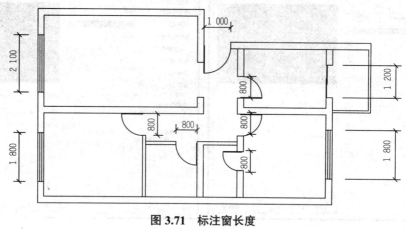

图 3.71　标注窗长度

(13)选择"标注"→"线性"命令,在视图中单击鼠标左键指定起始点,标注墙面尺寸,如图 3.72 所示。

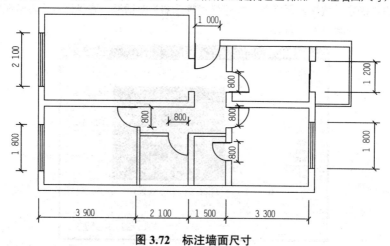

图 3.72　标注墙面尺寸

(14)选择"标注"→"连续"命令,在绘图区域指定第二个尺寸界线的起始点,然后分别标注其他尺寸,如图 3.73 所示。

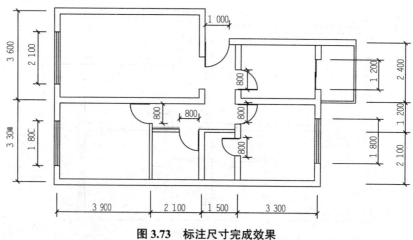

图 3.73　标注尺寸完成效果

在室内和建筑设计时,有些图例是经常用到的,如门窗、楼梯等,若将这些图例制成图块,应用时直接调用,可以大大提高绘图的效果和质量。

※ 3.4 AutoCAD 2017 设计中心管理

AutoCAD 2017 设计中心提供了设计数据共享和设计资料管理的解决方案,在设计中心,除能够进行打开图形、附着外部参照和插入块等常规操作外,还能够轻松使用外部图像的图层、尺寸和文字样式等。

可以通过以下几种方法启动设计中心命令:
(1) 选择"工具"→"选项板"→"设计中心"命令。
(2) 单击标准工具栏上"设计中心"按钮。
(3) 在命令提示行中输入"adcenter"。
(4) 使用 Ctrl+2 快捷键。

利用设计中心实现图形之间标注样式的复制。
(1) 选择"工具"→"选项板"→"设计中心"命令,打开"设计中心"对话框。
(2) 在设计中心,显示想要图形的标注样式,单击鼠标右键,在弹出的快捷菜单中选择添加"标注样式"命令,如图 3.74 所示,这样,在当前图形中就添加了指定的标注样式。

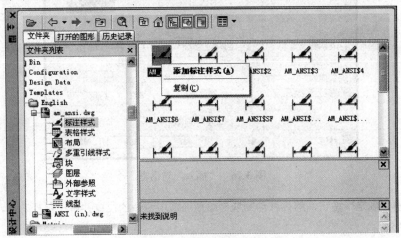

图 3.74 利用设计中心实现图形之间标注样式的复制

利用类似的操作方法通过设计中心可以实现图形之间文字样式、表格样式等的复制。

3.4.1 调用 AutoCAD 2017 自带图块

该过程一般要以下两步来完成。
(1) 调用图块。
(2) 修改图块,然后重新生成图块。

下面以调用"厨房布局"图块为例说明调用 AutoCAD 2017 自带图块的方法。

(1) 选择"工具"→"选项板"→"设计中心"命令,打开"设计中心"对话框。

(2) 在"文件夹"选项卡的"文件夹列表"列表框中找到"templates"→"english"→"am_ansi.dwg"选项,结果如图 3.75 所示。

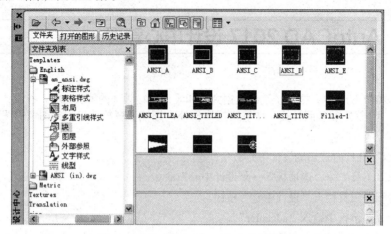

图 3.75 "am_ansi.dwg"文件下图例

(3) 双击"GENDOT"图标,弹出"插入"对话框,如图 3.76 所示。

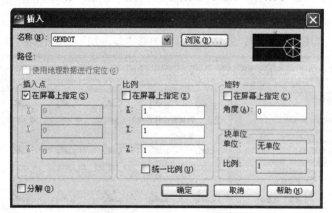

图 3.76 "插入"对话框

(4) 单击"确定"按钮,然后移动图块到绘图区域中合适的位置并单击鼠标左键,完成插入,效果如图 3.77 所示。

(5) 用同样的方法插入其他相关的图块,调整其图块到合适的位置,完成后效果如图 3.78 所示。

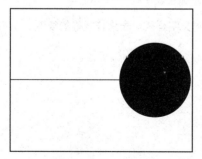 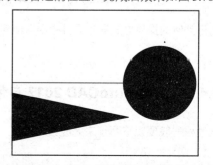

图 3.77 插入布局图块　　　　　　　　图 3.78 插入其他图块完成效果

3.4.2 删除图块

切换树状图以显示当前图形中可以清理的命名对象的概要。可以通过以下几种方法执行删除图块命令。

（1）选择"文件"→"图形实用程序"→"清理"命令。

（2）在命令提示行中输入"purge"。

执行删除图块命令后，弹出"清理"对话框，如图3.79所示，单击"全部清理"按钮。在弹出的"清理－确认清理"对话框中选择"清理所有项目"选项，如图3.80所示。

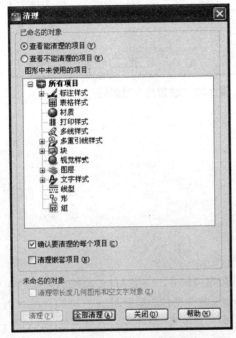
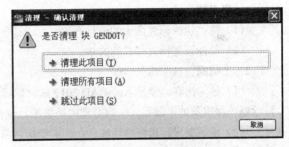

图 3.79　"清理"对话框　　　　　图 3.80　"清理－确认清理"对话框

单击"关闭"按钮，完成删除图块命令，自动结束命令。

3.4.3 创建图块

创建图块是指定块的名称。名称最多可以包含255个字符，包括字母、数字、空格，以及操作系统或程序未作他用的任何特殊字符。块名称及块定义保存在当前图形中。

可以通过以下几种方法执行创建图块命令：

（1）选择"绘图"→"块"→"创建"命令。

（2）在命令提示行中输入"block"。

（3）单击"绘图"工具栏中的"创建块"按钮。

创建图块具体操作过程如下：

（1）选择"文件"→"打开"命令，在弹出的"选择文件"对话框中选择"图形.dwg"文件，如图3.81所示。

（2）单击"绘图"工具栏中的"创建块"按钮，在弹出的"块定义"对话框中设置名称为"图形"，如图3.82所示。

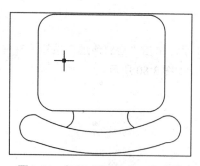

图 3.81 打开"图形 .dwg"文件

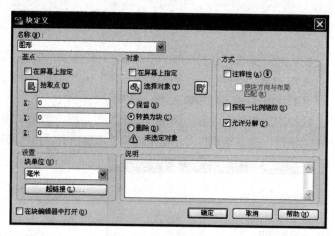

图 3.82 "块定义"对话框

习 题

1. 思考题

（1）简述快速标注命令的使用方法。

（2）简述设置标注样式的方法。

2. 上机题

（1）练习内容。使用 AutoCAD 2017 软件，标注沙发组合尺寸。应用 AutoCAD 2017 的工具绘制一件家具的平面图、一幅卧室的平面图，设计绘制一幅完整住宅平面图。

（2）练习要求。用线性标注命令和连续标注命令绘制沙发组合图形并标注尺寸，如图 3.83 所示。

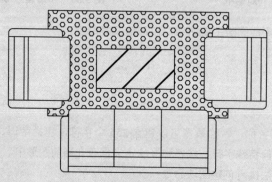

图 3.83 完成沙发组合并标注尺寸

学习情境 4
家具造型设计

家具设计师采用多元文化的途径和手段进行家具设计，既缩小了地域之间、民族之间和文化之间的差异，又加大了家具本身的共同性，再加上便利的交通工具、开放的市场贸易，家具式样的趋同性是必然趋势。

本学习情境主要解决的问题：
1. 什么是家具设计？
2. 掌握家具设计的内容和分类。
3. 掌握家具设计的方法和步骤。
4. 掌握绘图工具和修改工具的使用方法。

※ 4.1 家具设计的现状

在人们日常生活中家具是一个重要的组成部分。家庭用的家具，在造型风格上或家具样式的选购上都充分地反映家庭主人的审美爱好和审美情趣，人们之所以选择这种或那种，是因为家具所传达出的美感符合、满足购买者的审美要求。办公家具也是如此，它的造型风格和样式特点，决定这个企业的精神需求和审美要求的传达，如图 4.1 所示。

由此看来，所有的家具都必须具有这种审美功能。随着人们生活水平的提高、文化素养的提高、居住条件的改善以及企业商务竞争的加剧，人们对家具的造型设计要求越来越高。因此，家具设计师就应该适应人们的需要，研究人们的生活、人们的居住环境，也研究人们的审美情趣，如图 4.2 所示。

图 4.1 审美要求

图 4.2 审美情趣

1. 民族文化传统成为家具设计的主流

随着现代化信息时代的到来，科学技术的进步和发展，以及历史发展的必然，家具的造型有趋同性的倾向。也正是由于这种原因，一个民族或一个地域千百年积淀下来的文化底蕴则成了家具造型设计取之不尽、用之不竭的宝贵财富，而且这些财富无区域，无国界，为全世界的设计师所享用。

2. 科学技术的进步和发展为家具设计奠定了基础

家具造型设计是由家具的材料、设备、工艺塑造成的。家具的材料、工艺和结构不是束缚家具造型的设计，而是为家具造型设计出现新的可能性提供了基础和保障。

3. 装饰家具的出现是一个不容忽视的客观事实

装饰家具的出现是家具本身的特性决定的，即家具的实用性和家具的审美性。家具既是日常生活中的实用品，又是一件富于美感的艺术品。装饰家具是指在使用中，家具更多的作用是起到修饰功能，以满足它在室内环境中给人们带来的审美需求，而不单是去坐、去卧、去储藏。

装饰家具大体上有两种类型，第一种情形是将历史上的、不同民族的、不同地域的传统家具，与现代的家具同时摆放在一起，造成强烈的历史反差、文化反差和民族风格的反差，形成极强的对比，给人们深刻的视觉印象，增加文化深远感，从而美化室内的空间环境；第二种情形则是专门为表达设计者的感受，设计者利用材料、对造型的认识和体验等进行艺术创作。总之，家具设计是设计者借家具的形体实现自身对世界的理解，表达艺术观点和看法，因而更多的带有主观因素，与其说是家具，不如说是艺术品。

4. 彩绘家具的发展是人们生活环境多样化的一种反应

彩绘家具是指运用美术的表现手法对家具进行装饰，从而使家具在品种上产生越来越多的珍奇精品，这是家具本身艺术性成分的加强，是人们生活环境多样化的一种反应。

彩绘家具在印制上其彩色图形与木材的天然色泽应相配合，产生一种独特的艺术效果。这样，巧妙的设计构思、丰富的色彩与家具的构造完美结合，融为一体，使得每件家具作品都成为精美的艺术品。

美术与家具的结合，使家具产生出称之为"艺术家具"的新品种，满足人们对家具品种日益增长的需要。

※ 4.2 家具类别

4.2.1 按使用功能分类

按家具的使用功能大体上可分为坐卧类、躺椅类和储存类三种类别。这三大类中又分为生活用家具、工作学习用家具和公共办公用家具。

1. 生活用家具

生活用家具如卧室家具，主要有衣柜类、梳妆台、床类、床头柜、床前条凳和休息椅等；书房家具，如书桌椅、书柜、书架类和各种案类等；起居室或会客室家具，有各类沙发、茶几、酒柜、电视机组合柜、花几和花架等；餐厅家具，如餐桌椅、碗柜和餐具组合柜等；厨房家具，现代住宅厨房面积越来越大，常与餐厅合二为一，即使不是合用，现代厨房灶台、清洗台、各种小家电的摆放以及清洁卫生设备等也需要一定的空间与面积，如抽油烟机、消毒柜或洗碗机、微波炉等，都要留有一定的台面或空间为其摆放，厨房整体设计装修已成一门专业；浴厕家具，也是现代生活不可缺少的，除卫生洁具外，存放洗漱用具、毛巾、卫生纸、香皂、各类洗涤剂、化妆用品等，这些家具及用品在不大的空间内既要方便使用，又要摆放有序避免杂乱。卧室家具、起居室及餐厅室内用的家具，如图 4.3 所示。

图 4.3 生活用家具

2. 工作学习用家具

工作学习用家具如办公室家具，书房家具、教室、图书馆、阅览室、会议室和电脑等视听室等办公用的会议桌、办公桌，如图 4.4 所示。

图 4.4　办公用家具

3. 公共办公用家具

公共办公用家具如文化娱乐场所、宾馆、饭店、银行、邮电等服务场所、大型商场和医院等家具，其种类之多举不胜举。如图 4.5 所示是公共建筑中使用的大堂家具以及其他使用的家具。

图 4.5　公共办公建筑中家具

4.2.2　按使用材料分类

按使用材料分类，木制家具占首位，如图 4.6 所示。我国目前商店出售的家具，有 60% 是木制家具，其他有钢木结合家具、金属家具、塑料家具、竹藤家具、漆器家具、皮革家具、玻璃钢家具和玻璃家具等。

图 4.6　木制家具

4.2.3　家具分类

1. 按形式的构成分类

（1）与建筑融为一体的固定式家具，如壁柜或与顶棚相接的顶柜。
（2）平时使用的可随意搬动的单体家具。

2. 按结构分类

按结构分类大体上有框架结构家具、板式结构家具、折叠家具、拆装结构家具、薄壳结构家具、弯曲木家具和充气家具等。

※ 4.3 家具的基本造型

家具主要是通过各种不同的形状、不同的体量、不同质感和不同色彩等一系列视觉感受，取得造型设计的表现力。家具造型设计是指在设计中每项设计依据自身对艺术的理解，运用造型的一般规律和方法，对家具的形态、质感、色彩和装饰等方面进行综合处理，塑造出完美的家具造型形象。这就需要我们了解和掌握好运用一些造型的基本构成概念来构成家具的方法。

4.3.1 家具造型的形态

家具设计的形体主要是由视觉感受到的，而视感所接触到的东西总称为"形"，而形又具有各种不同的状态，如大小、方圆、厚薄、宽窄、高低等，总的称之为"形态"。作为家具造型要素，材料、质感和色彩是家具造型的主要形态因素。

1. 家具中的"点"应用

点是构成设计中最基本的、最小的构成单位。"点"一般理解为圆形的，但多边形及其他不规则的形，只要它与对照物之比显得很小时，就称为点。如家具中各种不同形状的拉手，都表现为点的特征。点的形状和大小，不是单独的形决定的，它必须依附于具体形象，即要按周围的场合和比例关系等表现其意义和不同特征。

在家具造型设计中，可以借助于"点"的各种表现特征，加以适当的运用，同样能取得很好的表现效果，如图4.7所示。

2. 家具中的"线"应用

在构成设计中，线是点移动的轨迹。根据点的大小，线在面上就有宽度。线和面的区别与点的情况一样，是由相对关系决定的。线的形状主要可分为直线系和曲线系。线的表现特征主要随线型的长度、粗细、状态和运动的位置不同而有所不同，从而在人们的视觉心理上产生不同的感觉，如图4.8所示。

图4.7 "点"的表现效果

图4.8 "线"的感觉

在家具设计中，直线使人感到强劲有力，垂直线有庄严向上挺拔之感，水平和横向的直线有平稳和安定的感觉，弯曲的线形具有柔美、圆润的感觉。无论是刚劲有力的直线，还是柔和优美的曲线都是构成家具不同风格的重要因素，依据不同家具造型设计的要求，以线型的特点为表现特征创造出家具造型的各种不同风格。

3. 家具中的"面"应用

在构成设计中，面是由点的扩大、线的移动形成的，具有两度空间（长度和宽度）的特点。通过分割可以得到新的面，由于分割的方法不同，可以得到各种形状的面。不同形状的面，具有不同的表现特征，给人的感觉也不同。如正方形和圆形等，由于它们的周边比例不变，具有确定性、规整性和构造简单的特点，一般表现为稳定和庄重的感觉；矩形和多边形是一种不确定的平面形，富于变化，使人感到丰富和活跃，具有轻快的感觉，如图 4.9 所示。

弯曲的曲面一般给人以温和、柔软的动态感，它和平面同时运用会产生对比效果，是构成丰富的家具造型的重要手段。在家具造型设计中，运用各种不同形状、不同方向的面组合，以构成不同风格、不同样式的家具造型。

4. 家具中的"体"应用

体是由点、线、面包围起来所构成的三度空间（具有高度、深度及宽度）。所有体都是由面的移动和旋转或包围而占有一定的空间所形成的。体有各种不同形状的立方体，还有球体、圆柱体、圆锥体等。体的表现特征，主要是根据各种面的形态感觉来决定的，在家具的形体造型中又有实体和虚体之分。

在家具设计中，各种不同形状的立方体和几个立方体组合而成的叫作复合立方体。另外，还可以利用光影的变化加强立体的感觉，从而丰富家具的造型，如图 4.10 所示。塑造家具的造型最基本的手段是，家具通常都是由一些基本的几何形体组合而成，如开放型的桌、椅和封闭形的橱柜。在设计中，掌握和运用形态的基本要素，来确定最能充分表现设计意图的造型，是非常重要的。

图 4.9　轻快的感觉

图 4.10　家具的造型

4.3.2　家具的色彩

色彩是家具造型的基本构成要素之一，在造型设计中，常运用色彩以取得赏心悦目的艺术表现力。色彩处理得好坏，常会对家具造型产生很大的影响，所以，学习和掌握色彩的基本规律，并在设计中加以恰当地运用，是十分必要的。

1. 色彩的基本知识

（1）色相：是指各种色彩的相貌和名称。色相主要是用来区分各种不同的色彩。如红、橙、黄、绿、蓝、紫、黑和白及各种间色、复色等都是不同的色相。

（2）明度：是指色彩的明暗程度。明度有两种含义，一是指色彩加黑或白之后产生的深浅变化；二是指色彩本身的明度。

（3）彩度：是指色彩的鲜明程度，即色彩和色素的饱和程度的差别；原色和间色是标准纯色，色彩鲜明饱满，即"饱和度"。

（4）色的感觉：色彩彼此相互影响而引起的变化，可以给人们以不同的视觉感受，主要表现在色彩对比与调和。所谓对比与调和，是指色相、明度和纯度的对比与调和。从色相看，两种原色调配出来的间色是第三种原色的补色，称为对比色，如红与绿、黄与紫、蓝与橙等。另外，明度的浓淡和纯度的强弱，分别表现为色彩的对比与调和。

（5）色的象征：由于物理、生理和心理等原因，大自然赋予人们一种色彩的视觉感受和联想，以表现各种不同的色彩感情。例如，对于红、黄、橙等色彩，常使人联想到太阳、火光等而给人以温暖，将这类色称为暖色；对绿、蓝、蓝紫等色彩，使人联想到月亮、海洋，给人以冷的感觉，这类色称为冷色；冷暖之间的颜色，称为中间色。

2. 色彩在家具上的应用

色彩是表达家具造型美的一种重要的手段，如果运用恰当，常常起到丰富造型，突出功能的作用。色彩在家具上的应用，主要包括家具色彩的调配和家具造型上色彩的安排两个方面。具体表现为色调、色块和色光的运用。

（1）家具色调：家具的颜色重要的是要有主调，也就是应该有色彩的整体感。通常多采取以单色为主，其他颜色辅助突出主调。常见的家具色调有调和色和对比色两类，以调和色作为主调，家具就显得静雅和柔美，以对比色作为主调，则可获得明快、活跃和富于生气的效果。但无论采用哪一种色调，都要使它具有统一感。既可在大面积的调和色调中配以少量的对比色，以收到和谐而不平淡的效果；也可在对比色调中穿插一些中性色，或借助于材料质感，以获得彼此和谐的统一效果。

在色调的具体运用上，主要是掌握好色彩的调配和色彩的配合。主要有三个方面：第一，要考虑色相的选择，色相不同，所获得的色彩效果也就不同，这必须从家具的整体出发，结合功能、造型、环境进行适当选择；第二，在家具造型上进行色彩的调配，要注意掌握好明度的层次，在家具造型上，常用色彩的明度大小来获得家具造型的稳定与均衡；第三，在色彩的调配上，还要注意色彩的纯度关系，除特殊功能的家具小面积点缀用饱和色外，一般用色，直接改变其纯度，降低鲜明感，选用较沉稳的"明调"或"暗调"，以达到不醒目的色彩效果。

（2）家具色块：家具的色彩运用与处理，还常通过色块组合方法来构成，色块就是家具色彩中形状与大小不同的色彩分布面。它与面积有一定关系，同一色彩中如果面积大小不同，给人的感觉也就不同，家具在色块组合上需要注意：第一，面积的大小要考虑，面积小时，色的纯度较高，使其醒目突出；面积大时，色的纯度则可适当降低，避免过于强烈；第二，除色块面积大小外，色的形状和纯度也应该有所不同，使它们之间既有大有小又要有主次变化；第三，在家具中，任何色彩的色块不应孤立出现，需要同类色块与之相互呼应，不同对比色块要相互交织布置，以形成相互穿插的生动布局，但须注意色块之间的相互位置应当均衡，如图4.11所示。

（3）光照效果：色彩在家具上的应用，还要考虑光照与环境的情况。如处于朝北向的室内，由于自然光线的照射，气氛显得偏冷，室内环境多近于暖色调，家具的色彩就可运用红褐色、金黄色来配合；如果环境处于朝南向，在自然光照射下，显得偏暖，这时室内可运用偏冷色调，家具的颜色可使用浅黄褐色或淡红褐色相配合，从而取得家具色彩与室内环境相协调统一。

家具的色彩，不仅与日光和环境配合，而且也要与各种使用材料的质感相配合。因为各种不同材料，如木、织物、金属、竹藤、玻璃、塑料等所表现的粗、细、光、毛等质感有所不同。由于受光和反光的程度不同，反过来也都会相互影响色彩上的冷、暖、深、浅。现代家具十分讲究运用木材的自然本色，以它质朴的材料质感，获得了很好的效果，如图 4.12 所示。

图 4.11　家具位置均衡

图 4.12　家具的材料质感

4.3.3　家具的质感

在家具的美观效果上，质感的处理和运用也是很重要的手段之一。所谓质感是指表面质地的感觉，每种材料都有它特有的质地，给人们以不同的感觉，如金属的硬、冷和重，木材的韧、温和软，玻璃的晶莹剔透等。

家具材料的质地感，可以表现为：一是材料本身所具有的天然性质感，如木材、金属、竹藤、柳条、玻璃、塑料等，另外由于质感各异，可以获得各种不同的家具表现特征；二是对材料施以不同加工处理所显示的质感，木制家具由于其材质具有美丽的自然纹理、质韧、富弹性，所以给人以亲切、温暖的材质感，显示出一种雅静的表现力；三是金属家具以其光泽、冷静而凝重的材质，更多地表现出一种工业化的现代感；四是竹、藤、柳家具在不同程度的手感中给人以柔和的质朴感，充分地展现来自大自然的淳朴美感。

在家具设计中，除应用同种材料外，还可以运用几种不同的材料，相互配合，以产生不同质地的对比效果，有助于家具造型表现力的丰富与生动。但要注意获取优美的质感效果，不在于多种材料的堆积，而在于体察材料质地美的鉴赏力上，要精于选择适当而得体的材料，更重要的是材料的合理配置与质感的和谐运用。

4.3.4　家具的装饰

装饰是家具细微处理的重要组成部分，是在大的形体确定之后，进一步完善和弥补由于使用功能与造型之间的矛盾，为家具造型带来的不足，所以，家具的装饰是家具造型设计中的一个重要手段。一件造型完美的家具，单凭形态、色彩、质感和构图等的处理是不够的，必须在善于利用材料本身表现力的基础上，以恰到好处的装饰手法，着重于细部的微妙设计，力求达到简洁而不简陋，朴素又不贫乏的审美效果。

1. 木材纹理结构的装饰

善于利用材料的纹理结构来进行家具的装饰处理是一种艺术技巧的手法。木材的纹理结构，是指木材切面上呈现出深浅不同的木纹组织。它是由许多细小的棕眼排列组成的，并通过年轮、髓线等的交错组织，形成千变万化的纹理。由于各种不同树种纹理的成因各异，有粗细和疏密不均匀的差别。因此，运用位置和色彩作不同的排列拼接，胶贴于板材表面，形成千变万化的花形装饰图案——拼花。这样既节约了贵重木材，又增强了家具装饰艺术的感染力。但是无论采用哪种花式拼贴，都要十分注意纹理拼接的完整性和色泽配置的和谐性。这样的拼花装饰，将它的艺术性和实用性浑然一体，成为整套家具所特有的装饰形式，从而给人以一种美的感受。

2. 线型的装饰处理

善于运用优美的线型对家具的整体结构或个别构件进行艺术加工，这也是一种装饰手法。它既丰富了家具边线轮廓线的韵味，又增加了家具艺术特征的感染力。

在线型的应用上，首先要依据家具的不同造型特征和具体构件的部位，赋予不同的线型形式。例如，有的家具表现朴素、清秀的特征，宜采用秀丽流畅的曲线；而有的家具主要表现庄重、浑厚的特征，则更多采用棱角分明、刚劲有力的粗、直线型。如用不同的装饰线型，在家具脚形和视线易于停留的部位进行装饰，起到了装饰美化的作用，从而达到一定的艺术效果，如图 4.13 所示。

家具线型装饰处理层次分明、疏密适宜、繁简得体，有助于烘托家具的造型。而经典线型简洁含蓄，刚柔兼备，并且简练中富于丰富，质朴中寓于精美，从而达到和谐效果。

3. 五金配件的装饰性

家具用五金配件，包括拉手、锁、合页、连接件、碰头、插销和滚轮等。尽管这些配件的形状或体量很小，然而却是家具使用上必不可少的装置，同时，又起着重要的装饰作用，为家具的美观点缀出灵巧别致的效果，有的甚至起到了画龙点睛的装饰作用。五金配件的细微设计，也可视为自成一体的创作。因此，造型设计的基本法则，例如，统一与变化、比例与均衡和色彩等方面，也同样适应于五金配件的细微处理，如图 4.14 所示。

图 4.13 装饰美化

图 4.14 装饰效果

※ 4.4 家具设计的原则、方法与步骤

4.4.1 家具设计的原则

家具在生产制作之前要进行设计，设计应该包含两个方面的含义：一是造型样式的设计；二是生产

工艺流程的设计。造型样式是家具的外在形体的表现，生产工艺流程是实现家具的内在基础，二者都非常重要。所以，设计家具不但要满足人们工作、生活中的需要，而且要求产品质量要有可靠的保证，力求实用、美观、用料少、成本低，便于加工与维修。要达到上述要求，必须遵循以下原则。

1. 家具使用性强

设计的家具制品必须符合它的直接用途，任何一种家具都是有它使用的目的，或坐，或卧，或储存。每件家具都要满足使用上的要求，并具有坚固耐用的性能。

家具的尺度大小，也必须满足人的使用功能的要求。例如，桌子的高度、椅子的高度以及床的长短等。不同种类的单件家具也要满足不同的使用要求，并且使用起来还要非常方便。

2. 家具结构合理

家具的结构要求其形状要稳定，同时家具还要具有足够的强度，只有这样才能适合生产加工。因为结构是否合理直接影响家具的品质和质量，而制作的加工工艺更要适应目前的生产状况，使零件和部件在加工安装、涂饰等工艺过程中，便于机械化生产。在一定意义上讲，家具设计除造型设计外，实际上是家具的结构设计、家具的工艺流程设计。

3. 节约木材资源

木材始终是制作家具的首选材料，由于木材的生产周期很长，因此，在家具设计的过程中更要节省资源。另外，设计的家具制品应便于机械化、自动化生产，尽量减少所耗工时，降低加工成本，以达到物美价廉的要求。

另外，在不影响强度和美观的条件下，在保证加工质量的前提下，还要合理使用原材料，尽量节约材料，降低原料成本。尽量缩小加工量，可使家具的外表面用好材、内部零件用次等材，以节省贵重木材的用量。这样就从各方面降低家具的成本，节约原材料。

4. 家具造型美观

家具除满足使用功能外，还要满足人们视觉上的审美要求。因此，要很好地将家具的功能要求、加工要求、节省材料、降低成本和美观几个方面的因素有机地结合起来考虑。

北欧风格的家具朴实无华，突出天然的情趣，家具的造型简练实用，毫无矫揉造作之感，充分地洋溢出健康向上的美感。在整个设计过程中，美观只是需要考虑的一个方面，而不是设计的全部内容，为了满足使用功能，还要便于加工、省工省料，故而要充分利用造型艺术手法，搞好家具设计，使之造型朴素、明朗和大方，如图4.15所示。

图4.15 北欧风格的家具

4.4.2 如何构思家具设计

在动手进行设计之前，首先是构思方法，清楚有关设计方面的一些原则问题和相关的技术问题。家具设计的要素包括以下几个方面：

1. 家具的使用功能

任何一件家具的存在都具有特定的功能要求,即使用功能。使用功能是家具的灵魂和生命,它是进行家具造型设计的前提,是满足人们生活中日常活动使用上的需求,是物质方面的要求。

2. 家具美化环境满足人们生活空间

创造优美空间既是审美需求,也是精神上的要求。创造优美空间的物质技术条件包括:一是制作家具所选用的主要材料;二是构成家具的主要结构与构造;三是对这些材料与结构进行加工时的加工工艺。这些是形成家具的物质技术基础。

家具造型的美学规律和形式法则。家具既具有实用性又具有艺术性的特征,因此,家具通常是以具体的造型形象呈现在人们面前的,但是由于家具的实用性,以及每一件家具的特殊使用要求,从而使得构成家具的造型形式和尺度诸多因素分解或归纳。

例如,办公使用的靠背椅,它的不变性最多,相对的可变性则最少。椅子的座面和靠背是座椅主要使用的部分,座面的长宽和它所处的高度,是由人的大腿长度、小腿长度、臀部宽度所决定的,靠背的幅面大小和它的高度也是由人体的尺度决定的,在进行造型设计时常会受到约束,如图 4.16 所示。

例如,睡眠、休息用的床具,主要由床垫、床架和床头板等几部分组成的。其中,床垫中的床面高度和床面长、宽所形成的幅面,是床的主要使用部分,通常将这部分称之为床的本质,它具有不变性,如图 4.17 所示。

图 4.16　办公使用的靠背椅

图 4.17　床的主要部分

例如,柜类的家具,其主要功能是储藏、摆放日常生活中需要的各种物品等。它与人的关系只是各个部分的高度,以便于取放。因而它的不变性因素最少,可变性因素最多,柜类家具的造型形式变化也就最多,相对地讲,在进行柜类家具设计时由于所受的约束少、变化多,因此设计起来就比较容易一些,造型变化就更丰富一些,如图 4.18 所示。

图 4.18　柜类的家具

总之，根据家具造型形式因素的不变性与可变性的特点可进行不同的处理。例如，家具的尺度与人体的关系只是高度问题，而它的形体尺度，则与房间、建筑的尺度关系密切相连。

4.4.3 确定设计定位

确定设计定位是指综合了设计的主要用材、主要结构、基本尺度和大体造型风格及使用功能而形成的设计方向。构思的过程是不断地调整设计因素之间的相互关系，使之逐步接近设计的要求，逐渐深化具体，这样也必然会修正事先确定的设计定位时的一些因素，这就是设计定位在设计过程中的重要作用。

设计定位是否明确，思想是否明确，这是设计构思考虑问题的前提，也是检验设计的准备工作是否做得充分，并由此而去搜集设计方面的资料，构思未来家具的造型样式，去确定家具的体量和尺度等。在理论上要求设计定位是否明确，更多的是原理性的、方向性的和抽象性的要求。它具有在整个家具设计过程中把握住设计方向的作用。

设计定位既然是进行造型设计的前提和基础，必然要事先确定。但在实际工作中由于设计定位在不断地变化，这种变化使设计构思更加深化，是与甲方就设计问题探讨、磋商、磨合的结果。这种变化是基于对有关设计因素的逐渐了解和认识，来调整设计定位，使设计定位更准确、更符合设计的要求。

随着设计深入调整设计定位，随着设计能力、设计水平的不断提高，设计师会逐渐自然而然地将设计思维融入设计方法之中，这是必然的。

4.4.4 设计的步骤与方法

家具是人类生活中不可缺少的用具，虽然有相当长的历史，但家具生产在已往一直属于手工业生产方式，这样，生产与设计往往是交融在一起的。而家具的生产制作却需要经过多道工序，甚至多种专业的配合，并以现代化生产流程的方式完成。

家具设计是建立在工业化生产方式的基础上，结合功能、材料、经济和美学诸方面要求，用图纸形式表示设想和意图。这样，正确的思维方式、科学的程序和工作方法就显得尤为重要。以座椅和衣柜为例，设计步骤如下。

1. 绘制方案草图阶段

方案草图是设计者对设计要求理解之后将设计的构思呈现出来。如果设计者绘制了大量的草图，经过比较、综合、反复推敲，就可以优选出较好的方案。所以，在绘制草图的过程中，就是构思方案的过程。草图一般用手绘表现，但对于比例、结构的要求虽不很严格，但也要注意。

2. 搜集设计资料阶段

以草图形式固定下来的设计构思，是个初步的原型，而工艺、材料、结构甚至成本等，都是设计中要解决的问题。因此，要广泛收集各种有关的参考资料，包括各地家具设计经验、中外家具发展动态与信息、工艺技术资料、市场动态等，将它们进行综合分析、整理与研究。这是设计顺利进行的坚实基础，如图 4.19 所示。

图 4.19　收集各种有关的资料

3. 绘制三视图和透视效果图阶段

这个阶段是进一步将构思的草图和搜集的设计资料融为一体,使之进一步具体化的过程。三视图,即按比例以正投影法绘制的正立面图、侧立面图和俯视图。由于家具造型的形象是按照比例绘制出,因此能看出它的体型、状态,以便进一步解决造型上的不足与矛盾。为了能反映主要的结构关系,家具部分所使用的材料应明确。在此基础上绘制出的透视效果图,则能显示出所设计的家具更加真实与生动,如图 4.20 所示。

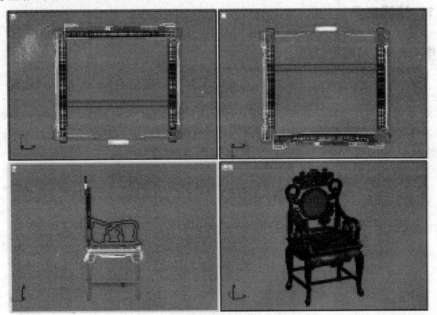

图 4.20　三视图

4. 模型制作

虽然三视图和透视效果图能将设计意图充分地表达出来,但是,三视图和透视效果图都是纸面上的图形,而且是以一定的视点和方向绘制的,这就难免会存在不全面问题。

建立模型是设计过程中的一部分,是研究设计、推敲造型比例、确定结构方式和材料的选择与搭配的一种手段,从而达到模型有立体、真实的效果,另外,从多视点观察家具的造型,找出不足和问题,以便进一步加以解决、完善设计。

模型的比例要视家具的情况而定，制作方法和使用材料则是多种多样。制作好的模型；可以从不同的角度观察，使其更具有真实感。

5. 完成方案设计

由构思开始直到完成设计模型，这期间经过反复研究与讨论，不断修改，才能获得较为完善的设计方案。设计者对于选用的材料、结构方式与在此基础上形成的造型形式，以及它们之间矛盾的协调、处理、解决以达到设计者的需求，达到设计者艺术观点的体现等，最后都要通过设计方案的确定而全面地得到反映。

6. 绘制施工图

施工图是家具生产的重要依据，是按照原轻工业部颁发的家具制图的标准绘制的。也是按施工图即按照产品的样品绘制的。它包括总装配图、零部件图、加工要求、材料等。以图纸的方式固定下来，以确保产品与样品的一致性和产品的质量。

※ 4.5 绘制家具平面图

4.5.1 绘图工具

【操作实例 4.1】绘制直线方法

（1）在命令提示区输入"L"↙，按下"正交"按钮 ，在绘图区域单击鼠标指定矩形起始点。

（2）将起始点向右移动，并在命令提示区输入数值 50↙，向下移动在命令提示区输入数值 50↙，向左移动在命令提示区输入数值 50↙，在命令提示区输入"C"↙（这里 C 表示自动闭合），完成效果如图 4.21 所示。

图 4.21　用直线绘制矩形效果

【操作实例 4.2】绘制构造线方法

单击"绘图"工具栏中"构造线"按钮 ，或在命令提示区输入"XL"↙，分别定义两个点，两点定义一条构造线，当然也是任意方向的。要想定义水平线，或垂直线，按下"正交"按钮 ，可以约束直线的平直。在命令提示区输入"H"为水平，输入"V"为垂直，输入"O"为偏移，输入"A"为角度，输入"B"为等分一个角度。

【操作实例 4.3】绘制多段线方法

（1）单击"绘图"工具栏中的"多段线"按钮⤵，或在命令提示区输入"PL"✓，在绘图区域指定起始点。

（2）按 F8 键打开"正交"按钮⌐，向右移动鼠标在命令提示区输入 100✓。

（3）向下移动鼠标在命令提示区输入 A✓，50✓。

（4）向左移动鼠标在命令提示区输入 L✓，100✓。

（5）向左移动鼠标在命令提示区输入 A✓，CL✓。

（6）绘制完成效果如图 4.22 所示。

图 4.22　绘制长圆效果

【操作实例 4.4】绘制正多边形方法

（1）单击"绘图"工具栏中的"正多边形"按钮⬠，或在命令提示区输入"POL"✓，输入边的数目 5✓。

（2）在绘图区域指定起始点。

（3）在命令提示区输入 50✓。

（4）绘制完成效果如图 4.23 所示。

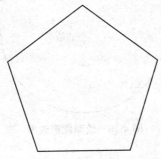

图 4.23　绘制五边形效果

【操作实例 4.5】绘制矩形方法

（1）单击"绘图"工具栏中的"矩形"按钮▭，或在命令提示区输入"REC"✓。

（2）在绘图区域指定起始点。

（3）在命令提示区输入 @100，50✓。

（4）绘制完成效果如图 4.24 所示。

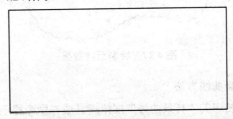

图 4.24　绘制矩形效果

【操作实例 4.6】绘制圆弧方法

（1）单击"绘图"工具栏中的"圆弧"按钮 ，或在命令提示区输入"A"↙。
（2）在绘图区域指定起始点。
（3）在命令提示区输入"C"↙，水平移动鼠标指引一个方向，输入 50↙。
（3）在命令提示区输入"A"↙，输入 180↙。
（4）绘制完成效果如图 4.25 所示。

图 4.25　绘制弧线效果

【操作实例 4.7】绘制圆方法

（1）单击"绘图"工具栏中的"圆"按钮 ，或在命令提示区输入"C"↙。
（2）在绘图区域指定起始点。
（3）在命令提示区输入 50↙。
（4）绘制完成效果如图 4.26 所示。

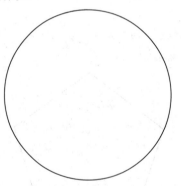

图 4.26　绘制圆形效果

【操作实例 4.8】修订云线方法

（1）单击"绘图"工具栏中的"修订云线"按钮 ，或在命令提示区输入"R"↙。
（2）在绘图区域指定起始点。
（3）在绘图区域中绘制云线形状，鼠标移动直至闭合，完成效果如图 4.27 所示。

图 4.27　绘制云线效果

【操作实例 4.9】绘制样条曲线方法

（1）单击"绘图"工具栏中的"样条曲线"按钮 ，或在命令提示区输入"SPL"↙。
（2）在绘图区域指定起始点。

（3）按照需要设置控制点闭合时按回车键 3 次，并通过调整控制点改变外部形态，如图 4.28 所示。

（4）在命令提示区输入"SPL"↙，在靠背垫左上角单击鼠标指定起始点，在靠背垫对角线的 1/4 处定义一点，在接近中心定义处定义一点，在右下角定义一点，按回车键 3 次，绘制一条曲线，如图 4.29 所示。

（5）完成效果如图 4.30 所示。

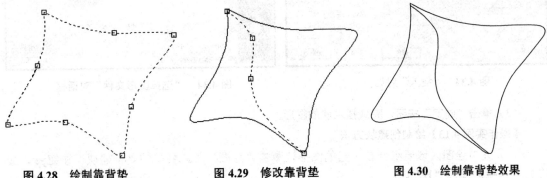

图 4.28　绘制靠背垫　　　　图 4.29　修改靠背垫　　　　图 4.30　绘制靠背垫效果

【操作实例 4.10】绘制椭圆方法

（1）单击"绘图"工具栏中的"椭圆"按钮 ◯，或在命令提示区输入"EL"↙。
（2）在绘图区域指定起始点。
（3）按 F8 键打开"正交"按钮 ⌐，向右移动鼠标在命令提示区输入 100↙，输入 25↙。
（4）绘制完成效果如图 4.31 所示。

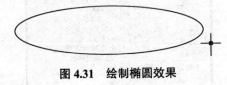

图 4.31　绘制椭圆效果

【操作实例 4.11】绘制椭圆弧方法

（1）单击"绘图"工具栏中的"椭圆弧"按钮 ⌒。
（2）在绘图区域指定起始点。
（3）再单击鼠标指定中心点，然后单击鼠标确立另一个点，此时出现一个椭圆形。
（4）在椭圆上分别截取两个点，完成效果如图 4.32 所示。

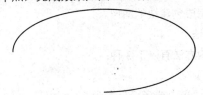

图 4.32　绘制椭圆弧效果

【操作实例 4.12】插入块方法

（1）新建一个文件，单击"绘图"工具栏中的"插入块"按钮 ⊞，或在命令提示区输入"I"↙。

（2）在弹出的"插入"对话框中，如图 4.33 所示，单击"浏览"按钮，在弹出的"选择图形文件"对话框中选择"安乐椅 02.dwg"文件，如图 4.34 所示。

学习情境 4　家具造型设计

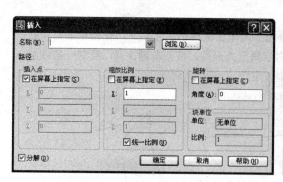

图 4.33　"插入"对话框

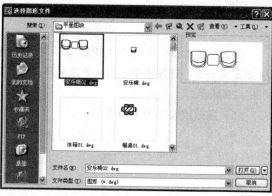

图 4.34　"选择图形文件"对话框

（3）单击"确定"按钮，完成插入块的图形。

【操作实例 4.13】绘制创建块方法

（1）选中绘图区域要组合在一起的图形，单击"绘图"工具栏中的"创建块"按钮，或在命令提示区输入"B"↙。

（2）在弹出的"块定义"对话框中，在名称选项栏中输入该组合的名称，如图 4.35 所示。

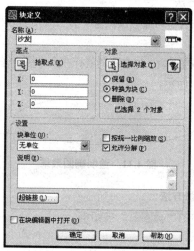

图 4.35　"块定义"对话框

（3）单击"确定"按钮，完成创建块的图形。

【操作实例 4.14】绘制点方法

（1）启动"绘制点"命令的方法有以下 3 种：

①在命令提示区输入"PO"↙。

②选择"绘图"→"点"→"单点或多点"命令。

③单击"绘图"工具栏中的"点"按钮。

（2）启动"等分点"命令的方法有以下 2 种：

①在命令提示区输入"Divide"。

②选择"绘图"→"点"→"定数等分"命令。

（3）启动"定距等分"命令的方法有以下 2 种：

①在命令提示区输入"Measure"。

②选择"绘图"→"点"→"定距等分"命令。

(4) 绘制等分圆。

①单击"绘图"工具栏中的"圆"按钮⊙,在绘图区域绘制一个圆形。

②选择"格式"→"点样式"命令,选择一个点样式,如图 4.36 所示。

③选择"绘图"→"点"→"定数等分"命令,如图 4.37 所示。

④选中圆形对象,在命令提示区输入 5↙,完成效果如图 4.38 所示。

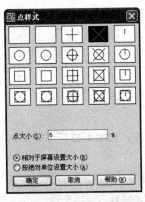

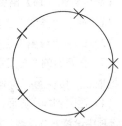

图 4.36 "点样式"对话框　　图 4.37 "绘图"菜单　　图 4.38 绘制等分圆效果

【操作实例 4.15】图案填充方法

填充图案可以与边界具有关联性。当边界改变时会自动更新以适合新的边界。填充命令需要一个闭合的环境(图形)在其内部完成填充。

(1) 单击"绘图"工具栏中的"矩形"按钮▭,在绘图区域绘制一个矩形。

(2) 单击"绘图"工具栏中的"图案填充"按钮▨或在命令提示区输入"H"↙。

(3) 在弹出"图案填充和渐变色"对话框中,如图 4.39 所示,单击拾取点按钮▨,在绘图区域中选择要填充图案的图形。

(4) 返回到操作界面,单击"图案"选项后的按钮,在弹出的"填充图案选项板"对话框中选择要填充的图案,如图 4.40 所示,并在"角度和比例"选项下设置比例数值,单击"预览"按钮,确认比例合适后单击鼠标右键填充矩形。

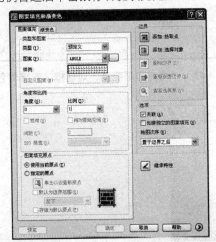
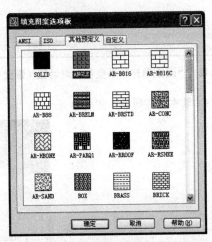

图 4.39 "图案填充和渐变色"对话框(图案填充)　　图 4.40 "填充图案选项板"对话框

（5）填充完成效果如图 4.41 所示。

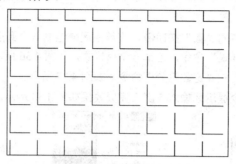

图 4.41　填充完成效果

【操作实例 4.16】渐变色方法

（1）单击"绘图"工具栏中的"矩形"按钮 ▭，在绘图区域绘制一个矩形。

（2）单击"绘图"工具栏中的"渐变色"按钮 ▨。

（3）在弹出的"图案填充和渐变色"对话框中，单击"渐变色"标签，如图 4.42 所示，单击"添加：拾取点"按钮 ▨，在绘图区域中选择要填充图案的图形。

（4）返回到操作界面，在弹出的"图案填充和渐变色"对话框中选择要填充的渐变样式，并在"方向"选项中设置方向参数，如图 4.43 所示，单击预览，确认比例合适后单击鼠标右键填充矩形。

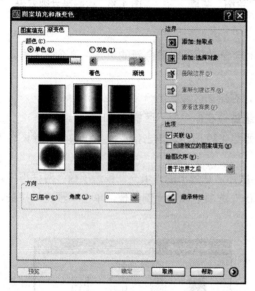 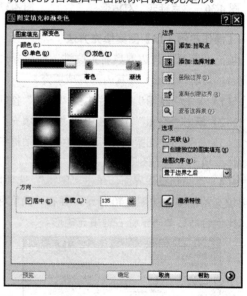

图 4.42　"图案填充和渐变色"对话框（渐变色）　　图 4.43　"填充和渐变色"对话框（选择着色）

（5）填充完成效果如图 4.44 所示。

图 4.44　填充完成效果

4.5 绘制家具平面图

【操作实例 4.17】绘制表格方法

(1) 单击"绘图"工具栏中的"表格"按钮▦，或在"命令提示区"输入"TB"↙。

(2) 在弹出的"插入表格"对话框中，输入列数、列宽、行数、行宽，如图 4.45 所示。

(3) 在绘图区域单击鼠标左键弹出表格，在打开的"文字格式"对话框中设置字体及高度，然后在表格区输入相应的文字，如图 4.46 所示。

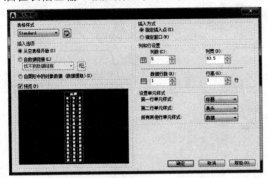

图 4.45 "插入表格"对话框

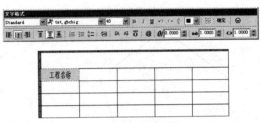

图 4.46 表格文字设置

【操作实例 4.18】文字输入方法

(1) 单击"绘图"工具栏中的"文字"按钮 **A**，或在命令提示区输入"T"↙。

(2) 在绘图区域中拉出一个文本框，在打开的"文字格式"对话框中设置字体及高度，然后在文字区输入相应的文字，如图 4.47 所示。

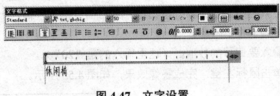

图 4.47 文字设置

4.5.2 修改工具

【操作实例 4.19】删除使用方法

(1) 单击"修改"工具栏中的"删除"按钮✐，或在命令提示区输入"E"↙。

(2) 在命令提示区输入"ALL"，即是删除绘图区域所有对象（也可以框选要删除的图形）。

【操作实例 4.20】复制使用方法

(1) 单击"绘图"工具栏中的"圆"按钮⊙，在绘图区域绘制一个圆形，如图 4.48 所示。

(2) 单击"修改"工具栏中的"复制"按钮⌘，或在命令提示区输入"CO"↙。

(3) 在绘图区域选中要复制的对象。

(4) 指定基点将复制出的对象移动到另一个位置，如图 4.49 所示。

(5) 确定位置后，单击鼠标左键，复制完成效果如图 4.50 所示。

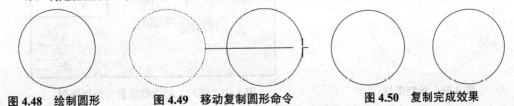

图 4.48 绘制圆形　　图 4.49 移动复制圆形命令　　图 4.50 复制完成效果

【操作实例 4.21】镜像使用方法

（1）单击"绘图"工具栏中的"正多边形"按钮⬠，在命令提示区输入"5"↙，绘制一个多边形，如图 4.51 所示。

（2）单击"修改"工具栏中的"镜像"按钮⚠，或在命令提示区输入"MI"↙。

（3）在绘图区域选中要镜像的对象。

（4）指定镜像的一个点并确定要镜像的方向，如图 4.52 所示。

（5）完成镜像效果，如图 4.53 所示。

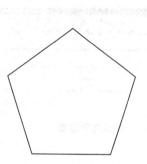 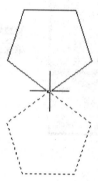 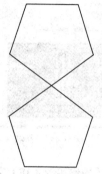

图 4.51　绘制多边形　　图 4.52　指定镜像点及确定方向　　图 4.53　镜像完成效果

【操作实例 4.22】偏移使用方法

（1）单击"绘图"工具栏中的"线"按钮／，在绘图区域绘制一条直线，如图 4.54 所示。

（2）单击"修改"工具栏中的"偏移"按钮⚏，或在命令提示区输入"O"↙。

（3）在绘图区域选中要偏移的对象。

（4）在命令提示区输入要偏移的数值↙（这里输入的是"20"）。

（5）在绘图区域中单击鼠标左键，完成镜像效果，如图 4.55 所示。

图 4.54　绘制直线　　　　　　　　　图 4.55　偏移完成效果

【操作实例 4.23】阵列使用方法

（1）矩形阵列使用方法：

①单击"绘图"工具栏中的"圆弧"按钮⌒，在绘图区域绘制一条弧线，如图 4.56 所示。

②单击"修改"工具栏中的"阵列"按钮▦，或在命令提示区输入"AR"↙。

③在弹出的"阵列"对话框中选择"矩形阵列"，并设置"行"和"列"选项，如图 4.57 所示。

 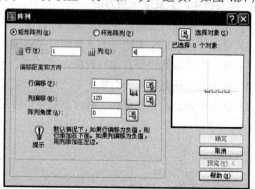

图 4.56　绘制弧线　　　　图 4.57　"阵列"对话框设置（矩形阵列）

④单击"选择对象"按钮，在绘图区域选中要阵列的图形，单击鼠标右键返回到"阵列"对话框，单击"确定"按钮。

⑤设置完成后效果如图4.58所示。

图4.58 矩形阵列完成效果

（2）环形阵列使用方法：

①在绘图区域绘制一个矩形和一个圆形，如图4.59所示。

②单击"修改"工具栏中的"阵列"按钮，或在命令提示区输入"AR"。

③在弹出的"阵列"对话框中选择"环形阵列"，并单击"选择对象"按钮，在绘图区选择圆形。

④单击"中心点"选项后"拾取中心点"按钮，同时按下状态栏上的"对象捕捉"按钮，指定矩形为阵列中心点，设置如图4.60所示。

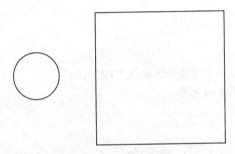

图4.59 绘制图形

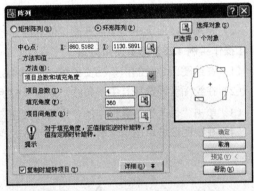

图4.60 "阵列"对话框设置（环形阵列）

⑤单击"确定"按钮，完成后效果如图4.61所示。

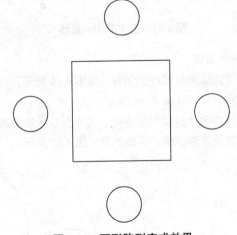

图4.61 环形阵列完成效果

【操作实例4.24】移动使用方法

（1）在绘图区域绘制一个图形。

（2）单击"修改"工具栏中的"移动"按钮，或在命令提示区输入"M"。

(3）选择要移动的图形。

(4）单击鼠标左键移动其位置。

【操作实例 4.25】旋转使用方法

(1）在绘图区域绘制一个图形。

(2）单击"修改"工具栏中的"旋转"按钮 ⟳，或在命令提示区输入"RO" ↙。

(3）选择要旋转的图形。

(4）单击鼠标左键旋转其位置。

【操作实例 4.26】缩放使用方法

(1）单击"修改"工具栏中的"缩放"按钮 ▯，或在命令提示区输入"SC" ↙。

(2）在绘图区域单击要缩放的图形。

(3）在"命令提示区"输入缩放的比例数值。

【操作实例 4.27】拉伸使用方法

(1）单击"修改"工具栏中的"拉伸"按钮 ▯，或在命令提示区输入"S" ↙。

(2）在绘图域单击要缩放的图形。

(3）分别可以对选中的图形准确拉伸和随意拉伸。

【操作实例 4.28】修剪使用方法

(1）在绘图区域绘制两条相交的线，如图 4.62 所示。

(2）在绘图区域选择其中一条线，如图 4.63 所示。

(3）单击"修改"工具栏中的"修剪"按钮 ⊬，或在命令提示区输入"TR" ↙。

(4）在绘图区域单击要修剪的线段，完成效果如图 4.64 所示。

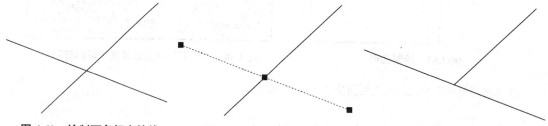

图 4.62　绘制两条相交的线　　图 4.63　选中其中一条线　　图 4.64　修剪完成效果

【操作实例 4.29】延伸使用方法

(1）在绘图区域绘制一个由圆和线组成的图形，如图 4.65 所示。

(2）在绘图区域选择圆形，如图 4.66 所示。

(3）单击"修改"工具栏中的"延伸"按钮 ⇁，或在命令提示区输入"EX" ↙。

(4）在绘图区域分别单击要延伸的线，完成效果如图 4.67 所示。

图 4.65　绘制图形　　图 4.66　选择圆形　　图 4.67　延伸完成效果

【操作实例 4.30】打断使用方法

(1) 单击"绘图"工具栏中的"圆"按钮⊙，在绘图区域绘制一个圆形，如图 4.68 所示。
(2) 在绘图区域选择圆形，如图 4.69 所示。
(3) 单击"修改"工具栏中的"打断"按钮，或在命令提示区输入"BR"↙。
(4) 在圆形上指定两个点的位置，完成效果如图 4.70 所示。

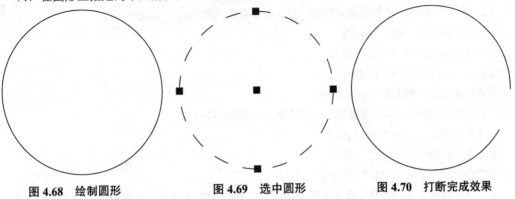

图 4.68 绘制圆形　　　　图 4.69 选中圆形　　　　图 4.70 打断完成效果

【操作实例 4.31】倒角使用方法

(1) 单击"绘图"工具栏中的"矩形"按钮▭，在绘图区域绘制一个矩形，如图 4.71 所示。
(2) 单击"修改"工具栏中的"倒角"按钮，或在命令提示区输入"CHA"↙。
(3) 在命令提示区输入"A"↙，输入 30↙，再次输入 30↙。
(4) 单击鼠标右键选择"多段线"命令，单击矩形，完成矩形倒角效果，如图 4.72 所示。

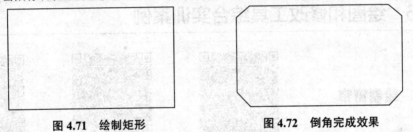

图 4.71 绘制矩形　　　　　　　图 4.72 倒角完成效果

【操作实例 4.32】倒圆角使用方法

(1) 单击"绘图"工具栏中的"矩形"按钮▭，在绘图区域绘制一个矩形，如图 4.73 所示。
(2) 单击"修改"工具栏中的"倒圆角"按钮，或在命令提示区输入"F"↙。
(3) 在命令提示区输入"R"↙，输入 30↙。
(4) 单击鼠标右键选择"多段线"命令，单击矩形，完成矩形倒圆角效果，如图 4.74 所示。

图 4.73 绘制矩形　　　　　　　图 4.74 倒圆角完成效果

【操作实例 4.33】分解使用方法

将一个整体对象分解成多个独立对象，即分解成线；如要将实体分解成线要分解两次，即由体分解成面再由面分解成线。

【操作实例 4.34】重复、重做和撤销使用方法

（1）命令的重复。当需要重复执行上一个命令时，可按以下操作：

①按回车键或空格键。

②在绘图区域单击鼠标右键，在快捷菜单选择"重复×××命令"。

（2）命令的重做。当需要恢复刚被"U"命令撤销的命令时，可操作：

①单击工具栏"重做"按钮。

②选择"编辑"→"重做"命令

③在命令提示区输入"REDO"↙。

④命令执行后，恢复到上一次操作。

（3）命令的撤销。当需要撤销上一命令时，可按以下操作：

①单击工具栏"放弃"按钮。

②选择"编辑"→"放弃"命令。

③在命令提示区输入"U"（Undo）↙。

④用户可以重复输入"U"命令或单击"放弃"按钮来取消自从打开当前图形以来的所有命令。当要撤销一个正在执行的命令，可以按 Esc 键，有时需要按 Esc 键 2～3 次才可以回到命令提示状态，这是一个常用的操作。

※ 4.6 绘图和修改工具综合实训案例

4.6.1 绘制窗帘

绘制电视机效果

绘制洗衣机

绘制衣柜效果

（1）单击"绘图"工具栏中的"圆弧"按钮。

（2）在绘图区域中单击鼠标左键确定窗帘的起始点。

（3）在命令提示区中输入 @40，20 ↙。

（4）在命令提示区中输入 @40，-20 ↙。

（5）绘图区域中出现一段向上凸起的弧线，如图 4.75 所示。

（6）单击"绘图"工具栏中的"圆弧"按钮，在绘图区域中捕捉窗帘的起始点。

（7）在命令提示区中输入 @60，-30 ↙。

（8）在命令提示区中输入 @60，30 ↙。

（9）绘图区域中出现一段向下凹陷的弧线，如图 4.76 所示。

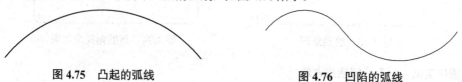

图 4.75　凸起的弧线　　　　　　　　图 4.76　凹陷的弧线

（10）单击"修改"工具栏中的"偏移"按钮，选中要偏移的弧线，在命令提示区中输入20↙，偏移出一条新的弧线，如图4.77所示。

（11）单击"修改"工具栏中的"阵列"按钮，在弹出的"阵列"对话框中，单击"选择对象"按钮，选中偏移后的图形，单击鼠标右键返回到"阵列"对话框，其设置参数如图4.78所示。

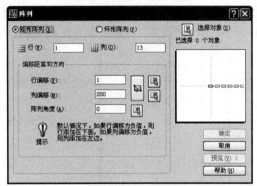

图 4.77　偏移后的效果　　　　　　图 4.78　"阵列"对话框设置

（12）单击"确定"按钮，完成窗帘的绘制，如图4.79所示。

（13）框选窗帘图形，单击"绘图"工具栏中的"创建块"按钮，在弹出的"块定义"对话框中，在名称栏中输入"窗帘"，如图4.80所示。单击"确定"按钮，将其定义为一个整体。

（14）选择"文件"→"保存"，在弹出的"保存"对话框中输入"窗帘"，单击"确定"按钮。

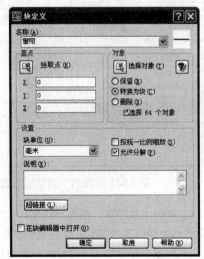

图 4.79　窗帘完成效果　　　　　　图 4.80　"块定义"对话框

4.6.2　绘制书架

（1）单击"绘图"工具栏中的"矩形"按钮。
（2）在绘图区域中单击鼠标左键确定书架的起始点。

(3)在命令提示区中输入@300,2000↙,如图4.81所示。

(4)单击"修改"工具栏中的"偏移"按钮，选中矩形,在命令提示区中输入20↙,偏移出一个新的矩形,如图4.82所示。

(5)单击"修改"工具栏中的"分解"按钮，单击内部矩形,将其打散。

(6)单击"修改"工具栏中的"阵列"按钮，在弹出的"阵列"对话框中单击"选择对象"按钮，选择内部矩形底边,如图4.83所示,单击鼠标右键返回到"阵列"对话框,其设置参数如图4.84所示,单击"确定"按钮,完成效果如图4.85所示。

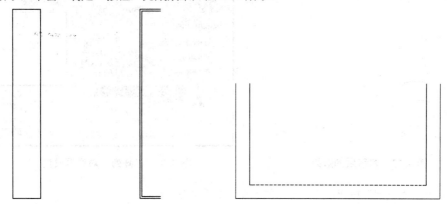

图4.81 绘制矩形　　图4.82 偏移矩形　　图4.83 选择对象

(7)单击"绘图"工具栏中的"直线"按钮，在阵列后的每一个格中绘制交叉线段,如图4.86所示。

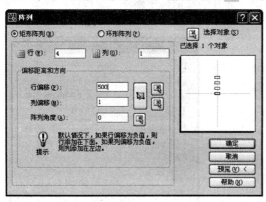 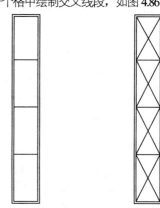

图4.84 "阵列"对话框设置　　图4.85 完成后的效果　图4.86 书架效果

(8)框选书架图形,单击"绘图"工具栏中的"创建块"按钮，在弹出的"块定义"对话框中在名称栏中输入"书架",单击"确定"按钮,将其定义为一个整体。

(9)选择"文件"→"保存",在弹出的"保存"对话框中输入"书架",单击"确定"按钮。

4.6.3 绘制沙发

(1)单击"绘制"工具栏中的"矩形"按钮。

(2)在绘图区域中单击鼠标左键确定沙发的起始点。

(3)在命令提示区中输入@1800,800↙,如图4.87所示。

(4)单击"绘图"工具栏中"矩形"按钮，在绘图区域中捕捉沙发的起始点。在命令提示区

沙发

中输入 @-100，700↙，如图 4.88 所示。单击"修改"工具栏中的"复制"按钮，复制出另外一个沙发扶手，如图 4.89 所示。

图 4.87 绘制矩形　　　图 4.88 绘制扶手　　　图 4.89 复制扶手

（5）单击"修改"工具栏中的"分解"按钮，将所有矩形打散。

（6）选择"格式"→"点样式"命令，在弹出的"点样式"对话框中选择一种点的样式，如图 4.90 所示。

（7）选择"绘图"→"点"→"定数等分"命令，在命令提示区中输入 3↙，完成效果如图 4.91 所示。

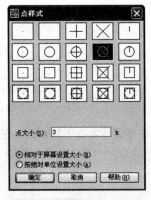

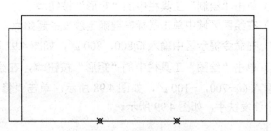

图 4.90 "点样式"对话框　　　图 4.91 定数等分效果

（8）单击"绘制"工具栏中的"直线"按钮，按下"正交"按钮、"对象捕捉"按钮和"对象捕捉追踪"按钮，捕捉定数等分后点的位置向上绘制直线，作为沙发坐垫，如图 4.92 所示。

（9）单击"绘制"工具栏中"直线"按钮，按下"正交"按钮、"对象捕捉"按钮和"对象捕捉追踪"按钮，绘制沙发靠背，并配合"偏移"命令，向上偏移适当的数值，如图 4.93 所示。

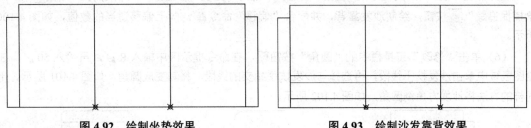

图 4.92 绘制坐垫效果　　　图 4.93 绘制沙发靠背效果

（10）将定数"等分的点"删除，单击"修改"工具栏中的"修剪"按钮，将多余的线段修剪到，如图 4.94 所示。

（11）单击"修改"工具栏中的"圆角"按钮，在命令提示区中输入 R↙，再输入 50↙，在绘图区域中单击沙发扶手线段，再选择与沙发扶手相交的线段，将其变成圆角，如图 4.95 所示。

（12）用同样的方法，将整个沙发直角倒成圆角，如图 4.96 所示。

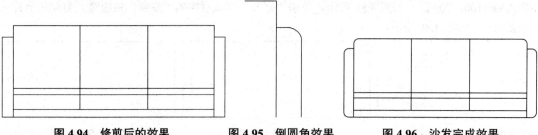

图 4.94　修剪后的效果　　　图 4.95　倒圆角效果　　　图 4.96　沙发完成效果

（13）框选沙发图形，单击"绘图"工具栏中的"创建块"按钮，在弹出的"块定义"对话框中在名称栏中输入"沙发"，单击"确定"按钮，将其定义成一个整体。

（14）选择"文件"→"保存"，在弹出的"保存"对话框中输入"沙发"，单击"确定"按钮。

4.6.4　绘制沙发组合

（1）单击"绘制"工具栏中的"矩形"按钮。

（2）在绘图区域中单击鼠标左键确定沙发的起始点。

（3）在命令提示区中输入 @800,800，如图 4.97 所示。

（4）单击"绘图"工具栏中的"矩形"按钮，在绘图区域中捕捉沙发右下的端点，在命令提示区中输入 @-700,-100，如图 4.98 所示。单击"修改"工具栏中的"复制"按钮，复制出另外一个沙发扶手，如图 4.99 所示。

图 4.97　绘制矩形　　　图 4.98　绘制沙发扶手　　　图 4.99　复制沙发扶手

（5）单击"绘制"工具栏中的"直线"按钮，按下"正交"按钮、"对象捕捉"按钮和"对象捕捉追踪"按钮，绘制沙发靠背，并配合"偏移"命令，向上偏移适当的数值，如图 4.100 所示。

（6）单击"修改"工具栏中的"圆角"按钮，在命令提示区中输入 R，再输入 50，在绘图区域中单击沙发扶手线段，再选择与沙发扶手相交的线段，将其变成圆角，如图 4.101 所示。用同样的方法将沙发方角倒圆角，如图 4.102 所示。

图 4.100　绘制靠背　　　图 4.101　倒角效果　　　图 4.102　沙发完成图

（7）单击"修改"工具栏中"镜像"按钮，选中沙发图形，在命令提示区输入 90↙，再输入 N↙，单击"修改"工具栏中的"移动"按钮，将其移动到合适的位置，如图 4.103 所示。

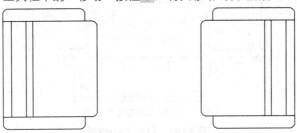

图 4.103　镜像后的效果

（8）单击"绘图"工具栏中的"插入块"按钮，在弹出的"插入"对话框中，单击"浏览"按钮，选择已经定义的沙发块，如图 4.104 所示。

图 4.104　"插入"对话框

（9）单击"确定"按钮，将沙发插入到绘图区域中，单击"修改"工具栏中的"移动"按钮，调整沙发到合适的位置，如图 4.105 所示。

（10）单击"绘图"工具栏中的"矩形"按钮，在两个单体沙发中单击鼠标左键指定茶几起始点，在命令提示区中输入 @1000,500↙，并配合"移动"命令，调整茶几位置，如图 4.106 所示。

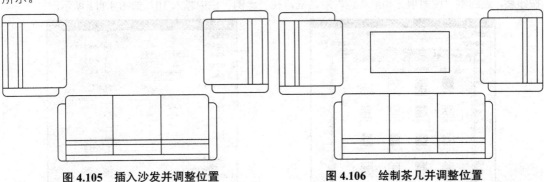

图 4.105　插入沙发并调整位置　　　　　图 4.106　绘制茶几并调整位置

（11）单击"绘图"工具栏中的"矩形"按钮，在绘图区域中绘制一个矩形作为地毯，单击"修改"工具栏中的"分解"按钮，将矩形打散，再单击"修改"工具栏中的"打断"按钮，将多余的部分断开，如图 4.107 所示。

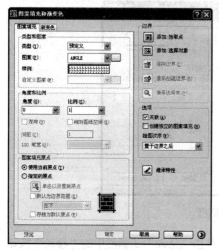

图 4.107 打断后的效果

（12）单击"绘图"工具栏中的"图案填充"按钮，在弹出的"图案填充和渐变色"对话框中，单击"添加拾取点"按钮，如图 4.108 所示。将"十"字形鼠标指针在区域内单击一下，得到填充区域，如图 4.109 所示。

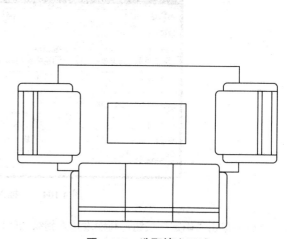

图 4.108 "图案填充和渐变色"对话框　　图 4.109 选取填充区域

（13）单击鼠标右键，单击"确定"按钮返回对话框，在"图案填充和渐变色"对话框中单击图案后面的"浏览"按钮，在弹出的对话框中，选择"HEX"图案，如图 4.110 所示。单击"确定"按钮后，返回到"图案填充和渐变色"对话框，在"比例"栏中输入 10，如图 4.111 所示。

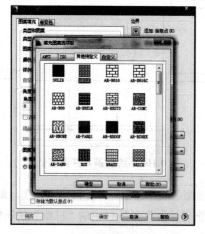 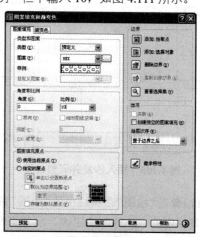

图 4.110 "填充图案选项板"对话框　　图 4.111 "图案填充和渐变色"对话框

(14)用同样的方法,将茶几填充玻璃材质,如图 4.112 所示。

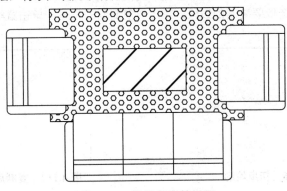

图 4.112 沙发组合效果图

(15)框选沙发图形,单击"绘图"工具栏中的"创建块"按钮 ,在弹出的"块定义"对话框中在名称栏中输入"沙发组合",单击"确定"按钮,将其定义为一个整体。

(16)选择"文件"→"保存"命令,在弹出的"保存"对话框中输入"沙发组合",单击"确定"按钮。

4.6.5 绘制圆餐桌和餐椅

(1)单击"绘图"工具栏中的"圆"按钮 。
(2)在绘图区域中单击鼠标左键确定圆桌的起始点。
(3)在命令提示区中输入 D↙。
(4)在命令提示区中输入圆桌的直径为 750↙,如图 4.113 所示。
(5)单击"绘图"工具栏中的"圆"按钮 。
(6)按下状态栏上的"对象捕捉"按钮 和"对象捕捉追踪"按钮 ,指定圆桌的圆心位置,如图 4.114 所示。
(7)在命令提示区中输入 D↙。
(8)在命令提示区中输入直径为 720↙,做圆桌倒边,如图 4.115 所示。

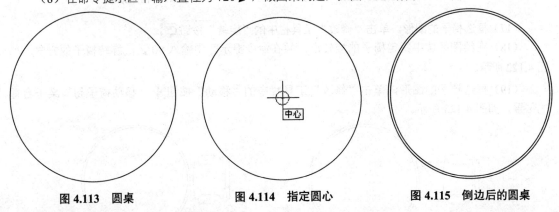

图 4.113 圆桌　　　　图 4.114 指定圆心　　　　图 4.115 倒边后的圆桌

(9)单击"绘图"工具栏中的"直线"按钮 。
(10)按下状态栏上的"正交"按钮 ,在绘图栏中绘制三条线段,如图 4.116 所示。

(11) 单击"修改"工具栏中的"复制"按钮 ♂。

(12) 在绘图栏中选取要复制的线段,指定要复制到的位置,单击鼠标左键确定,如图4.117所示。

图 4.116　初步轮廓　　　　　　　图 4.117　复制后的效果

(13) 使用复制的方法,复制椅子的轮廓线,如图4.118所示。

(14) 使用"直线"和"圆弧"命令绘制椅背,如图4.119所示。

图 4.118　复制椅子轮廓线的效果　　　图 4.119　绘制椅背效果

(15) 使用"圆弧"和"复制"♂命令绘制椅子扶手,如图4.120所示。

(16) 使用"直线"和"圆弧"命令绘制椅座,如图4.121所示。

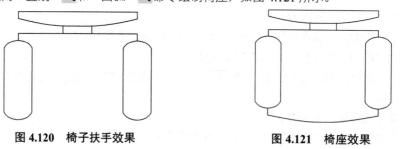

图 4.120　椅子扶手效果　　　　　图 4.121　椅座效果

(17) 框选椅子的图形,单击"修改"工具栏中的"旋转"按钮 ↻。

(18) 在绘图区域中指定椅子的旋转点,并在命令提示区中输入90↙,旋转椅子的方向,如图4.122所示。

(19) 框选椅子的图形,单击"修改"工具栏中的"移动"按钮 ✥,移动椅子到与桌子合适的位置,如图4.123所示。

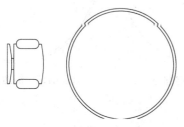 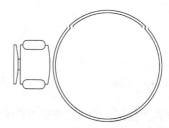

图 4.122　旋转后的效果　　　　　图 4.123　移动后的效果

(20) 单击"修改"工具栏中的"阵列"按钮，在弹出的"阵列"对话框中，选择环形矩阵，单击"拾取中心点"按钮，按下状态栏上的"对象捕捉"按钮，指定桌面圆心为阵列中心点，设置如图 4.124 所示。

(21) 单击"选择对象"按钮，框选椅子图形，单击"确定"按钮，完成设置后效果如图 4.125 所示。

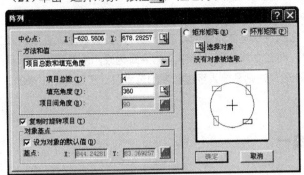
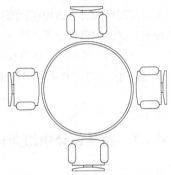

图 4.124 "阵列"对话框　　　　图 4.125 餐桌平面图

4.6.6 绘制双人床

(1) 单击"绘图"工具栏中的"矩形"按钮，在命令提示区中输入@1500,2000↙，绘制双人床，单击"修改"工具栏中的"圆角"按钮，在命令提示区中输入50↙，如图 4.126 所示。

(2) 单击"绘图"工具栏中的"直线"按钮，绘制床头图形，如图 4.127 所示。

(3) 单击"绘图"工具栏中的"矩形"按钮，在命令提示区中输入@450,450↙，如图 4.128 所示。

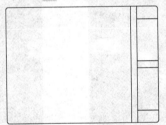
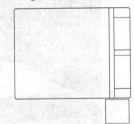

图 4.126 倒圆角效果　　　图 4.127 绘制床头效果　　　图 4.128 绘制矩形

(4) 单击"绘图"工具栏中的"圆"按钮，在命令提示区中输入 R↙，150↙，并利用"偏移"命令偏移出灯座图形，如图 4.129 所示。

(5) 单击"修改"工具栏中的"复制"按钮，复制另一个床头柜，如图 4.130 所示。

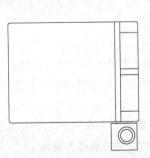
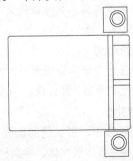

图 4.129 绘制灯座效果　　　图 4.130 双人床的完成效果

※ 4.7 家具造型的设计——归纳与提高

家具的造型和工艺结构在我国具有悠久的历史，历代劳动人民在长期劳动生产实践中，积累了丰富的经验。古代的家具以明式最为突出，它的特点是体型流畅，装饰大方，造型端庄，在选料和工艺结构上十分严谨。家具的形体是立体构成，而在立体分割设计中又是平面构成，由此可见，家具的造型设计是具有一定的规律的，家具造型设计形式法则是前人经过长期的艺术设计实践总结出来的。

4.7.1 家具设计中的变化与统一

变化与统一是适用于任何艺术表现的一个普遍法则。在艺术造型中从变化中求统一，统一中求变化，力求变化与统一得到完美的结合，是家具造型设计中贯穿一切的基本准则。只有这样才能使设计的作品表现得丰富多彩。

所谓"统一"，就是在一定的条件下，将各个变化的因素有机地统一在一个整体之中。例如，采用统一的材料、统一的线条、统一的装饰等，促使家具更富于规律、更严谨、更整齐，如图 4.131 所示。

在家具造型设计中统一与变化常常表现在韵律、对比与一致等方面。差异程度显著的表现称为对比，差异消失趋于一致的表现称为一致。对比的结果是彼此作用、互相衬托，从而更加鲜明地突出各自的特点。而一致的结果是彼此和谐、互相联系，产生完整一致的效果。对比与一致是取得变化与统一的重要手段，如图 4.132 所示。

图 4.131 严谨和整齐

图 4.132 变化与统一

对比与一致只存在于同一性质的差异之间，如体量的大小，线条的曲直，材料质感的粗糙与光滑等。而不同性质的差异，如体量的大小与线条的曲直之间，材料质感的粗糙与光滑和物体形状之间，则不存在对比或一致的关系。

1. 大与小的对比

在家具造型设计中运用面积大小的对比要一致的手段达到装饰的效果。例如，在前立面的划分上，经常采用对比的手法，即大面、小面、横面和竖面的对比，以便取得变化丰富的效果。

2. 形状的对比

在家具造型设计中，形状的对比也十分常用。其主要应用于各种不同形状的线、面、体和空间。在家具造型中主要以长方体、平面和直线为主，以弧线、曲线和圆为辅。

在以长方体、平面、直线构成的体形上，运用弧线、曲线、圆来打破方形的造型，能取得较为活泼和丰富多彩的效果。

3. 方向的对比

在成套家具或单件家具的前立面的划分上，运用垂直和水平方向的对比来丰富家具的造型。如图 4.133 所示的餐厅柜，右侧的两个门是水平方向打开的，左侧的 7 个抽屉是垂直方向的。由于横向与竖向的对比，丰富了柜子的立面，虽然是一个简单的长方体，但却感觉有变化。

4. 虚实的对比

家具造型中的虚实，是指实板与空洞的对比。运用虚实对比的方法，能丰富形体，打破虚实的感觉。如图 4.134 所示的大型沙发，采用了强调实的方法，给人以沉着、端庄、气魄大的感受。

图 4.133　餐厅柜

图 4.134　大型沙发

5. 质地的对比

家具制作的材料，一般以木材为主，其他材料有金属、玻璃、塑料、纺织品等，不同的材料、质地常常给人以不同的感觉。在家具造型设计中便可以利用不同材料的质感所产生的对比，丰富家具的艺术造型，取得美观的效果。

4.7.2　家具设计中的韵律变化

人们在和自然作斗争的过程中，认识到自然界有许多事物和现象是有组织地重复变化的。韵律便是这种条理与反复基本组织原则的艺术表现形式之一，也是求得变化与统一的手段之一。如图 4.135 所示，是一套带有韵律感的组合餐厅椅。家具的品种、结构形式是产生韵律的重要条件。由于每件家具的用途不同，无论从长、宽、高还是形状上都是有差异的，这就为韵律提供了条件，因此，要求掌握"韵律"这一形式法则的规律，在满足功能要求、结构要求的同时，应该有意识、有目的地去组织、创造出完美的家具，如图 4.136 所示。

图 4.135　变化与统一

图 4.136　完美的家具

4.7.3 家具设计中的均齐与平衡

自然界静止的物体都是遵循力学的原则,以平衡安定的形态而存在的。家具的造型也要符合于人们在日常生活中形成的平衡安定的概念。

均齐与平衡的形式法则是动力与重心两者矛盾的统一所产生的形态,均齐与平衡的形式美,通常是以等形等量或等量不等形的状态表现,从而形成平衡式的构图,达到了比较好的艺术效果。

均齐与平衡是家具造型设计中必须要掌握的基本技法之一。无论从单件家具的形体处理、前立面划分,还是从成组家具的造型设计,都离不开均齐与平衡这一形式法则,如图 4.137 所示。

(a) (b)

图 4.137 均齐与平衡
(a)均齐;(b)平衡

4.7.4 家具设计中的比例与均衡

比例是指家具的长、宽、高或某一局部的实际尺度,在使用中与人体尺寸形成的比例关系,是以人体的尺寸为标准的;均衡是指家具与家具之间、家具的各局部与局部之间和家具的局部与整体之间的比例关系。

家具的前立面,以十字线划分为四个不同的范围,各有各的使用功能,满足了多功能的使用要求,从整体构图上讲,各部分之间的比例关系,均衡得也很好。

4.7.5 家具设计中的家具的尺度

家具是人们日常工作、学习、休息等活动中不可缺少的用具,与人体的关系非常密切。家具的尺度是否合适,对人们的工作、学习都有直接的影响,家具的舒适度主要取决于尺度和尺寸处理得是否恰当。因此,在家具设计中要注意家具的尺度,以满足人们的合理使用要求。常用家具尺寸见表 4.1。

4.7 家具造型的设计——归纳与提高

表 4.1 常用家具尺寸

家具名称	家具尺寸	尺寸依据
办公椅	座高 440 mm 座宽 310～320 mm 座深 420～450 mm 座前后高度差为 10～20 mm 扶手高为 220～240 mm	我国人体尺寸平均数值。 国家标准规定的背倾角是根据各地经验而定的
办公桌	长度 1 500 mm、1 200 mm、1 000 mm 宽度 850 mm、650 mm、550 mm 高度 780 mm	桌面的最大尺寸以两臂能伸展得到为限
衣柜	长度 2 500 mm、1 600 mm、1 000 mm 宽度 600 mm 高度 2 400 mm、2 200 mm、2 000 mm	大衣柜高度一方面应能满足挂大衣的功能，另一方面也要考虑能安装全身镜
床	长度 2 000 mm、1 920 mm、1 850 mm 宽度 1 500 mm、1 350 mm、1 250 mm 高度 480 mm、440 mm、420 mm	高度是为满足"卧"和"坐"的要求

家具外形基本尺寸的确定是在充分研究人体工程学，对人体在进行各种活动时所表现出的各种数据的基础上，合理地满足人们的使用要求为前提的。另外，还应该考虑家具造型的需要和生产中各种材料的规格要求。

习 题

1. **思考题**

（1）AutoCAD 2017 的主要功能有哪些？

（2）AutoCAD 2017 绘图和修改工具的特点有哪些？

（3）如何打开或关闭工具栏？

（4）阵列有哪几种形式？

（5）修剪的技巧操作有哪几种？

（6）如何使矩形一次将四个边倒斜角？

2. **上机题**

（1）打开 AutoCAD 2017 软件，熟悉 AutoCAD 2017 软件的工作界面，熟悉菜单栏、工具栏、命令面板中的内容。

（2）运行素材文件"学习情境 4 家具造型设计"文件夹中图像进行练习，了解作品的特点。

（3）练习要求：绘制写字台、双人沙发，结合学过的多段线、矩形、椭圆、倒圆角、复制、阵列、剪切等命令。

学习情境 5
室内平面图设计

室内设计中平面图（也称平面布置图），可以认为是一种高于窗台上表面处的水平剖视，但是它只移去切平面以上的房屋形体，而对于室内地面上摆设的家具等其他物体无论切到与否都要完整画出。

本学习情境主要解决的问题：
1. 什么是室内平面图设计？
2. 怎样进行图层的设置？
3. 掌握标注尺寸及材质效果的操作方法。

※ 5.1 了解室内平面图

室内设计平面图主要用来说明房间内各种家具、家电、陈设及各种绿化、水体等物体的大小、形状和相互关系，同时，还能体现出装修后房间可否满足使用要求及其建筑功能的优劣。

平面图必须给出涉及的家具、家电、设施及陈设等物品的水平投影。家具、家电等物品应根据实际尺寸按与平面图相同比例绘制，尺寸不必标明，其图线均用细线绘制。

平面图中轴线网编号及轴线尺寸通常可以省去，但是属于新建房屋中的再装修（指直接在原有建筑平面图的基础上进行二次装修）设计时，则应该保留轴线网及编号，以便与建筑施工图对照。

平面图中一般宜采用较大比例绘制，如 1∶50、1∶10 等。

平面图中门、窗应以国家建筑制图标准中规定的符号表明，数量多时进行编号，有特殊要求时须注明或另画大样图。

※ 5.2 图层使用

5.2.1 图层概述

可以将图层想象为一张没有厚度的透明纸，各层之间完全对齐，一层上的某一基准点准确地对准其他各层上的同一基准点。用户可以给每一图层指定所用的线型、颜色，并将具有相同线型和颜色的对象放在同一图层，这些图层叠放在一起就构成了一幅完整的图形。图层所具备的特点如下：

（1）用户可以在一幅图中指定任意数量的图层，并对图层数量没有限制。
（2）每一图层有一个名称，以便管理。
（3）一般情况下，一个图层上的对象应该是一种线型、一种颜色。
（4）各图层具有相同的坐标系、绘图界限、显示时的缩放倍数。
（5）用户只能在当前图层上绘图，可以对各图层进行"打开""关闭""冻结""解冻""锁定"等操作管理。

5.2.2 创建新图层和改变图层的特性

1. 输入命令

选择"格式"→"图层"，或在命令提示区中输入"LAYER"✓。

输入命令后，系统打开"图层特性管理器"对话框。默认状态下提供一个图层，图层名为"0"，颜色为白色，线型为实线，线宽为默认值，如图 5.1 所示。

学习情境 5 室内平面图设计

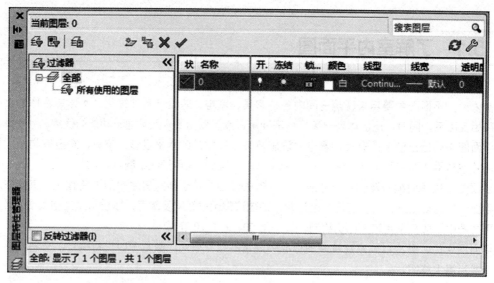

图 5.1 "图层特性管理器"对话框

2. "图层特性管理器"对话框的选项

对话框上的六个按钮分别是：新建特性过滤器、新建组过滤器、图层状态管理器、新建图层、删除图层、置为当前。按钮后面为"当前图层"文本框；中部有两个窗口，左侧为树状图窗口；右侧为列表框窗口；下面分别为"搜索图层"文本框、状态行和复选框。

3. 图层工具栏

"图层"工具栏如图 5.2 所示，下面了解一下各项功能。

图 5.2 "图层"工具栏

（1）单击"图层特性管理器"图标，打开"图层特性管理器"对话框。

（2）"图层"列表框。该列表中列出了符合条件的所有图层，若需将某个图层设置为当前图层，在列表框中双击该层图标即可，通过列表框可以实现图层之间的快速切换，提高绘图效率。

（3）"上一个图层"图标。用于返回到刚操作过的上一个图层。

4. 图层特性

（1）状态：显示一个图层是否为当前激活的图层，单击"置为当前"图标，表示将当前图层设置为当前层。

（2）名称：名称是图层的唯一标识，即图层的名称。默认情况下，新建图层的名称按"图层1""图层2"等命名，用户可以根据需要为图层重新命名。

（3）开关状态：单击"开"列中对应的小灯泡图标，可以打开或者关闭图层。在打开状态下，灯泡的颜色为黄色；在关闭状态下，灯泡的颜色为灰色，同时，在绘图区域该图层上的图形不能显示，也不会打印出来。

（4）冻结/解冻：单击"冻结"列中对应的太阳图标，可以冻结当前图层；单击雪花图标，可以将冻结的图层解冻。

（5）锁定/解锁：单击"锁定"列中对应的关闭图标，可以锁定图层；单击打开图标，可以解开图层。

5.2.3 设置线型

线型设置，可使用 LINETYPE 命令打开线型管理器，从线型库 ACADISO.LIN 文件中加载新线型，设置当前线型和删除已有的线型。

1. 输入命令

选择"格式"→"线型"命令，或在命令提示区中输入"LINETYPE"✓，打开"线型管理器"对话框，如图 5.3 所示。

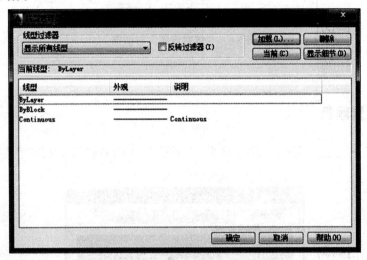

图 5.3 "线型管理器"对话框

"线型管理器"对话框主要选项的功能如下：

"线型过滤器"：该选项组用于设置过滤条件，以确定在线型列表中显示哪些线型。

"加载"按钮：用于加载新的线型。

"当前"按钮：用于指定当前使用的线型。

"删除"按钮：用于从线型列表中删除没有使用的线型，即当前图形中没有使用到该线型，否则系统拒绝删除此线型。

"显示细节"按钮：用于显示或隐藏"线型管理器"对话框中的"详细信息"。

2. 线型库

AutoCAD 2017 标准线型库提供的十几种线型中包含有多个长短、间隔不同的虚线和点画线，只有适当地选择它们，在同一线型比例下，才能绘制出符合制图标准的图线。

在线型库单击选取要加载的某一种线型，再单击"确定"按钮，则线型被加载并在"选择线型"对话框显示该线型，再次选定该线型，单击"选择线型"对话框中的"确定"按钮，完成改变线型的操作。

3. 线宽设置

选择"格式"→"线宽"命令，打开"线宽设置"对话框，如图 5.4 所示。

执行命令后，打开"线宽设置"对话框，其主要选项功能如下：

"线宽"列表框：用于设置当前所绘图形的线宽。

"列出单位"选项组：用于确定线宽单位。

"显示线宽"复选框：用于在当前图形中显示实际所设线宽。

"默认"下拉列表框：用于设置图层的默认线宽。

"调整显示比例"：用于确定线宽的显示比例。

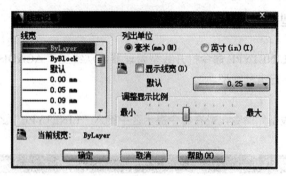

图 5.4 "线宽设置"对话框

5.2.4 设置颜色

选择"格式"→"颜色"命令,或在命令提示区中输入"COLOR"↙,打开"选择颜色"对话框,如图 5.5 所示。

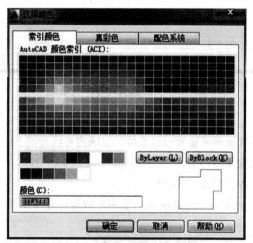

图 5.5 "选择颜色"对话框

"选择颜色"对话框中包括一个 255 种颜色的调色板,用户可通过鼠标单击对话框中的随层(ByLayer)按钮、随块(ByBlock)或指定某一具体颜色来进行选择。

"特性"工具栏如图 5.6 所示,其各列表框的功能自左向右介绍如下:

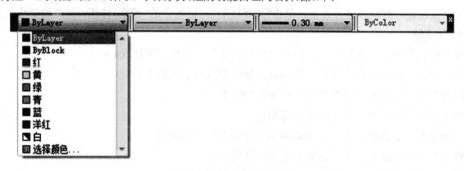

图 5.6 "特性"工具栏

"颜色控制"列表框：用于列出当前图形可选择的各种颜色。
"线型控制"列表框：用于列出当前图形可选用的各种线型。
"线宽控制"列表框：用于列出当前图形可选用的各种线宽。
"打印样式"列表框：用于显示当前层的打印格式，若未设置则该项为不可选。
单线的加载：虚线表示看不到的线，点画线表示对称的线。

※ 5.3 绘图环境

5.3.1 绘图单位设置

启动 AutoCAD 2017，此时将自动创建一个新文件，选择"格式"→"单位"命令，也可以在命令提示行中输入 UNITS↙或 DDUNITS↙，弹出"图形单位"对话框，如图 5.7 所示。

（1）长度：计量单位及显示精度位。在"长度"选项区域中的"类型"下拉列表选择单位格式，其中，选择"工程"和"建筑"的单位将采用英制。在"精度"下拉列表中可选择绘图精度。

（2）角度：角度制及角度显示精度。在"角度"选项区域的"类型"下拉列表中可以选择角度的单位，可供选择的角度单位有："十进制度数""度/分/秒""弧度"等。同样，单击"精度"下拉列表可选择角度精度。"顺时针"复选框可以确定是否以顺时针方式测量角度。

（3）输出样例：显示当前计数制和角度下的例子。当修改单位时，下面的"输出样例"部分将显示此种单位的示例。

（4）方向：设置起始角度（0度）的方向。单击"方向"按钮，系统将弹出"方向控制"对话框，如图 5.8 所示。

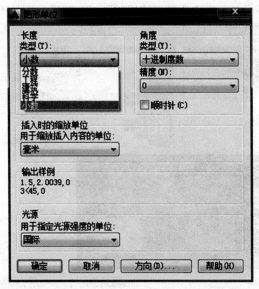

图 5.7 "图形单位"对话框

图 5.8 "方向控制"对话框

5.3.2 图形界限

图形界限是 AutoCAD 2017 绘图空间中的一个假想的矩形绘图区域，相当于选择的图纸大小。图形界限确定了栅格和缩放的显示区域。设置绘图单位后，选择"格式"→"图形界限"命令。

命令行将提示指定左下角点，或选择开、关选项，如图 5.9 所示。其中"开"表示打开图形界限检查。当界限检查打开时，AutoCAD 2017 将会拒绝输入位于图形界限外部的点。

图 5.9 命令提示行

实际绘图时，可以用 LIMITS 命令随时改变。LIMITS 命令的功能是：设置绘图区域的界限（就是定义"绘图纸"的大小），控制绘图边界的限制功能。

（1）选择"格式"→"图形界限"命令，在命令提示区中输入 0，0↙。
（2）在命令提示区中输入 @6000，4000↙。
（3）在命令提示区中输入 z↙，输入 a↙。

这样就完成了建立图纸区域的全过程，建好的区域是按照实际需要设定。

5.3.3 绘图环境设置

如果对当前的绘图环境并不是很满意，可以通过选择"工具"→"选项"命令来定制 AutoCAD 2017，以符合自己的要求。

（1）"文件"选项卡用于设置文件路径，可通过该选项卡查看或调整文件的路径。在"搜索路径、文件名和文件位置"列表中找到要修改的分类，然后单击要修改的分类旁边的加号框展开显示路径。

选择要修改的路径后，单击"浏览"按钮，然后在"浏览文件夹"对话框中选择所需的路径或文件，单击"确定"按钮。选择要修改的路径，单击"添加"按钮就可以为该项目增加备用的搜索路径。系统将按照路径的先后次序进行搜索。若选择了多个搜索路径，则可以选择其中一个路径，然后单击"上移"或"下移"按钮提高或降低此路径的搜索优先级别。

（2）"显示"选项卡用于设置：是否显示 AutoCAD 2017 屏幕菜单；是否显示滚动条；是否在启动时最小化 AutoCAD 2017 窗口；AutoCAD 2017 图形窗口和文本窗口的颜色和字体等。

单击"颜色"按钮，在弹出的"图形窗口颜色"对话框中可以更改相应元素的当前颜色。单击"应用并关闭"按钮退出，如图 5.10 所示。

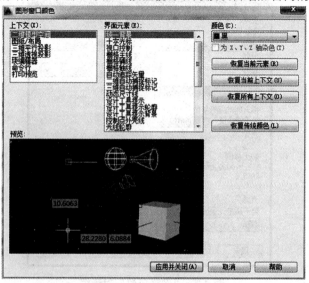

图 5.10 "图形窗口颜色"对话框

单击"字体"按钮,在弹出的"命令行窗口字体"对话框,可以在其中设置命令行文字的字体、字号和样式,如图 5.11 所示。

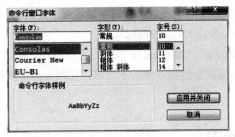

图 5.11 "命令行窗口字体"对话框

通过修改"十字光标大小"框中光标与屏幕大小的百分比,可调整十字光标的尺寸。

"显示精度"和"显示性能"区域用于设置着色对象的平滑度、每个曲面轮廓线数等。所有这些设置均会影响系统的刷新时间与速度,从而影响操作的流畅性。

(3)"打开和保存"选项卡用于控制打开和保存相关的设置。AutoCAD 2017 对文件的存储类型、安全性、新技术的应用作了重大的改进。

(4)"打印和发布"选项卡控制打印输出的选项。可以从"新图形的默认打印设置"中选择一个设置作为打印图形时的默认设备。

"常规打印选项"区域控制基本的打印设置。可以在"始终警告(记录错误)"下拉列表中选择发出警告的方式;可以在"OLE 打印质量"下拉列表中选择打印 OLE 对象的质量。

(5)"系统"选项卡用来控制 AutoCAD 2017 的系统设置。"当前三维图形显示"区域中包含控制三维图形显示系统的相关选择。

(6)"用户系统配置"选项卡用于设置优化 AutoCAD 2017 工作方式的一些选项。"目标图形单位"设置没有指定单位时,当前图形中对象的单位。

(7)"绘图"选项卡中包含了多个设置 AutoCAD 2017 辅助绘图工具的选项。"自动捕捉设置"控制自动捕捉的相关设置,它有自动捕捉设置、AutoTrack 设置、显示对齐点获取设置和显示对象捕捉选项。

(8)"选择集"选项卡中可控制 AutoCAD 2017 选择工具和对象的方法,可以控制 AutoCAD 2017 拾取框的大小、指定选择对象的方法和设置夹点。

(9)"配置"选项卡用来创建绘图环境配置,还可以将配置保存到独立的文本文件中。如果用户的工作环境经常需要变化,可以依次设置不同的系统环境,然后将其建立不同的配置文件,以便随时恢复,避免经常重复设置的麻烦。

※ 5.4 绘制家居房型图应用实例

5.4.1 建立家居图纸区域

(1)在快速访问工具栏中单击"新建"按钮,在弹出的"选择样板"对话框中选择模板样式。

（2）选择"格式"→"单位"命令，在弹出的"图形单位"对话框，设置其长度、角度和缩放比例，单击"确定"按钮完成。

（3）选择"格式"→"图形界限"命令，在命令提示区中输入 0，0✓。

（4）在命令提示区中输入 @12000，15000✓。

（5）在命令提示区中输入 z✓，输入 a✓。

这样就完成了建立图纸区域的全过程，建好的区域是按照实际需要设定的。

绘制家居平面图

5.4.2 绘制家居平面图

（1）单击"图层"工具栏中的"图层特性管理器"按钮，弹出"图层特性管理器"对话框。

（2）在"图层特性管理器"对话框中单击"新建图层"按钮，并将其命名为"辅助线"层，其颜色选取"红色"，其他设置为默认。单击"置为当前"按钮，将该图层设为当前图层，如图5.12所示。

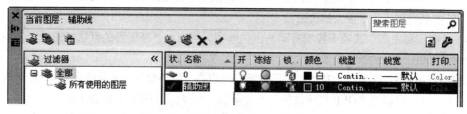

图 5.12　设置"辅助线"为当前图层

（3）单击状态栏中的"正交"按钮，打开正交模式。单击"绘图"工具栏中的"直线"按钮，在视图中单击鼠标左键指定起始点，向右绘制第一条辅助线，如图5.13所示。

（4）单击"修改"工具栏中的"偏移"按钮，在命令提示区中输入 1428✓，完成偏移效果如图5.14所示。

（5）继续使用偏移命令，依次根据数值偏移出水平方向辅助线，完成后效果如图5.15所示。

（6）使用直线和偏移命令，确定垂直线起始点和终点并依据数值偏移出垂直方向的辅助线，如图5.16所示。

图 5.15　完成水平辅助线

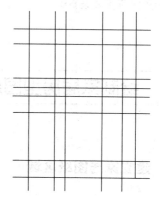

图 5.16　完成垂直辅助线

（7）在"图层特性管理器"对话框中单击"新建图层"按钮，并将其命名为"墙体"层，其颜色选取"黑色"，其他设置为默认。单击"置为当前"按钮，将该图层设为当前图层，如图5.17所示。

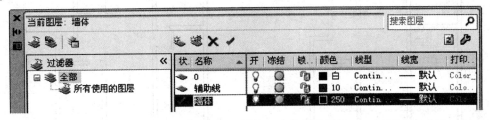

图5.17 设置"墙体"为当前图层

（8）选择"绘图"→"多线"命令，在命令提示区中输入S↙, 240↙, J↙, Z↙。
（9）依据辅助线绘制出房型图外轮廓，如图5.18所示。
（10）用同样的方法绘制出房型图内部轮廓，如图5.19所示。
（11）设置多线的宽度为120，然后在房型图中绘制出阳台的轮廓，如图5.20所示。

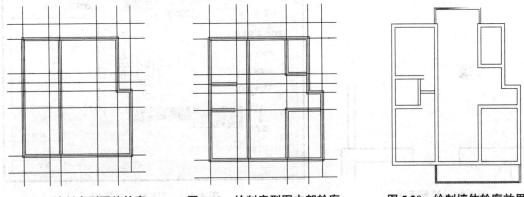

图5.18 绘制房型图外轮廓　　图5.19 绘制房型图内部轮廓　　图5.20 绘制墙体轮廓效果

（12）在"图层特性管理器"对话框中单击"新建图层"按钮，并将其命名为"门窗"层，其颜色选取"黑色"，其他设置为默认。单击"置为当前"按钮，将该图层设为当前图层，如图5.21所示。

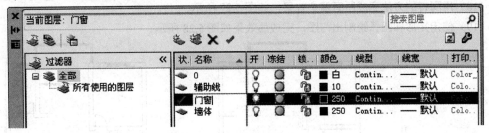

图5.21 设置"门窗"为当前图层

（13）单击"绘图"工具栏中的"矩形"按钮，在房型图中绘制出门窗位置，如图5.22所示。
（14）单击"修改"工具栏中的"修剪"按钮，在房型图中修剪门窗图形效果，如图5.23所示。
（15）单击"绘图"工具栏中的"直线"按钮，在其中一个窗户位置确定起始点和终点，如图5.24所示。
（16）单击"修改"工具栏中的"阵列"按钮，在弹出的"阵列"对话框中选择"矩形阵列"，并设置"行偏移"参数，如图5.25示。

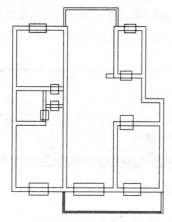
图 5.22 标注门窗矩形

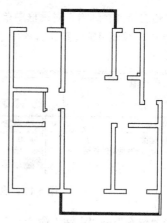
图 5.23 修剪门窗效果

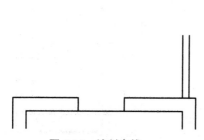
图 5.24 绘制直线

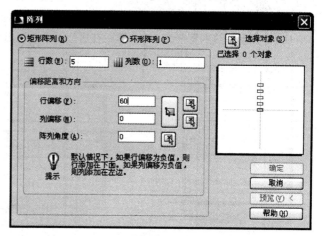
图 5.25 "阵列"对话框

（17）单击"选择对象"按钮，在绘图区域选择直线，单击鼠标右键返回到"阵列"对话框，单击"确定"按钮，完成阵列效果如图 5.26 所示。

（18）用同样的方法完成所有窗户效果，如图 5.27 所示。

（19）使用矩形和圆弧绘制出门图，完成后效果如图 5.28 所示。

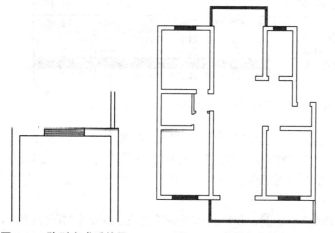

图 5.26 阵列完成后效果　　图 5.27 完成窗户效果

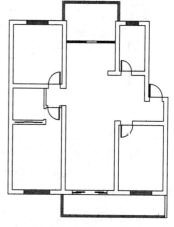
图 5.28 完成平面图效果

5.4.3 标注房型图尺寸

（1）在"图层特性管理器"对话框中单击"新建图层"按钮，并将其命名为"尺寸"层，其颜色选取"黑色"，其他设置为默认。单击"置为当前"按钮，将该图层设为当前图层，如图 5.29 所示。

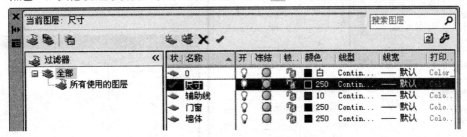

图 5.29 设置"尺寸"为当前图层

（2）选择"格式"→"标注样式"命令，在弹出的"标注样式管理器"对话框中，单击"新建"按钮，如图 5.30 所示。在弹出的"创建新标注样式"对话框中，将其命名为"尺寸"，如图 5.31 所示。

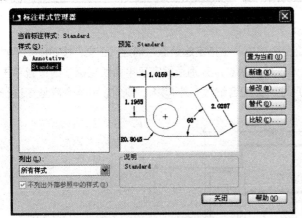

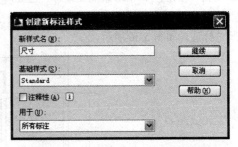

图 5.30 "标注样式管理器"对话框　　　　图 5.31 "创建新标注样式"对话框

（3）单击"继续"按钮，在弹出的对话框中分别设置每项参数，如图 5.32～图 5.35 所示。

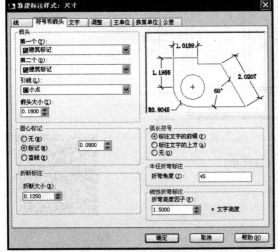

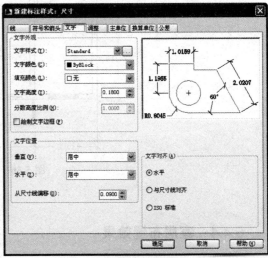

图 5.32 "符号和箭头"选项卡　　　　图 5.33 "文字"选项卡

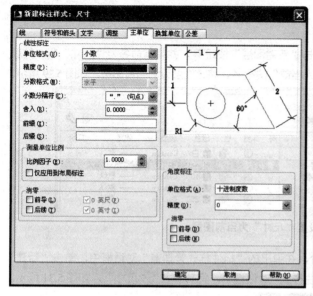

图 5.34 "主菜单"选项卡

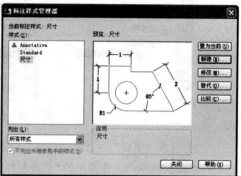

图 5.35 将"展示标注"置为当前层

（4）选择"标注"→"线性"命令，在绘图区域中单击指定起始点，确定"正交"按钮 、"对象捕捉"按钮 和"对象捕捉跟踪"按钮 处于打开状态，分别根据家居平面图要标注的位置单击鼠标左键指定终点，并向左拖动得到相应的尺寸，并配合缩放功能 将整个房型图进行尺寸标注，如图 5.36 所示。

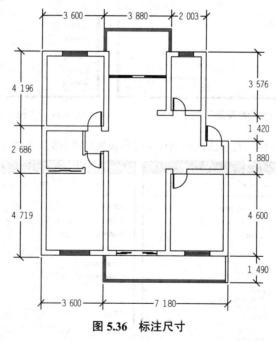

图 5.36 标注尺寸

5.4.4 家居布置效果

家居布置效果

（1）在"图层特性管理器"对话框中单击"新建图层"按钮 ，并将其命名为"布置图"层，其颜色选取

"黑色"，其他设置为默认。单击"置为当前"按钮，然后将其"尺寸"层关闭，如图5.37所示。

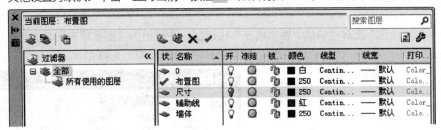

图5.37 关闭"尺寸"层

（2）单击"绘图"工具栏中的"插入块"按钮，弹出"插入"对话框，如图5.38所示。单击"浏览"按钮，在弹出的"选择图形文件"对话框中，选取衣柜图块，如图5.39所示。

图5.38 "插入"对话框　　　　　图5.39 选择要插入的图块

（3）单击"打开"按钮，将插入的衣柜放置到卧室中，然后使用"移动"命令调整到合适的位置，如图5.40所示。

（4）用同样的方法完成家居摆设，同时使用"移动"命令调整到合适的位置，如图5.41所示。

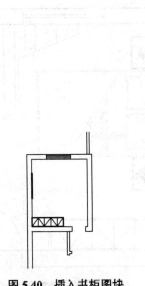
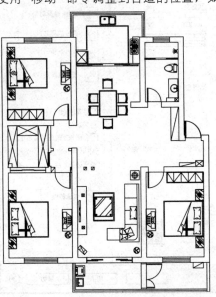

图5.40 插入书柜图块　　　　　图5.41 完成家居布置效果

（5）单击"绘图"工具栏中"直线"按钮，在卧室平面图中标注出地面区域，如图5.42所示。

（6）单击"绘图"工具栏中的"图案填充"按钮，在弹出的"图案填充和渐变色"对话框中，单击"浏览"按钮，在弹出的对话框中选择"DOLMIT"图案，如图5.43所示。

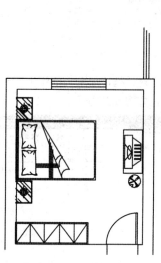

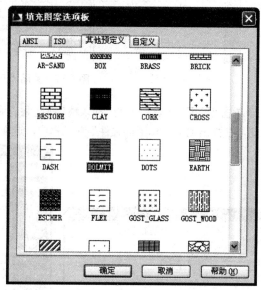

图5.42　绘制地板区域　　　　　　　　图5.43　"填充图案选项板"对话框

（7）单击"确定"按钮，返回到"图案填充和渐变色"对话框，设置角度和比例参数，如图5.44所示，单击"添加拾取点"按钮，将十字形鼠标指针在区域内单击一次，选中填充区域，完成填充后效果如图5.45所示。

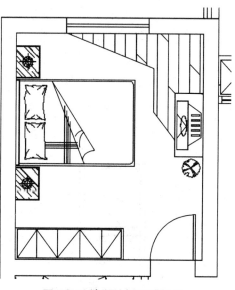

图5.44　"图案填充和渐变色"对话框设置比例参数　　图5.45　填充地板区域效果

（8）用同样的方法完成其他房间地面效果，如图 5.46 所示。

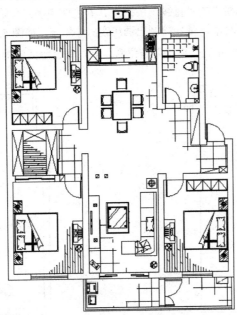

图 5.46　家居布置完成图

（9）选择"文件"→"保存"命令，在弹出的"保存"对话框中输入"家居布置"，单击"确定"按钮将文件保存。

※ 5.5　绘制酒店客房平面图应用实例

绘制酒店客房布置图

5.5.1　建立酒店客房图纸区域

（1）在快速访问工具栏中单击"新建"按钮 ，在弹出的"选择样板"对话框中选择模板样式。

（2）选择"格式"→"单位"命令，在弹出的"图形单位"对话框中设置其长度、角度和缩放比例，单击"确定"按钮完成。

（3）选择"格式"→"图形界限"命令，在命令提示区中输入 0, 0↵。

（4）在命令提示区中输入 @10000, 5000↵。

（5）在命令提示区中输入 z↵，输入 a↵。

5.5.2　绘制酒店客房平面图

绘制酒店客房平面图

（1）在"图层特性管理器"对话框中单击"新建图层"按钮 ，并将其命名为"酒店墙体"层，其颜色选取"黑色"，其他设置为默认。单击"置为当前"按钮 ✓。

（2）单击"绘图"工具栏中的"直线"按钮 ╱，在视图中确定起始点。

（3）将起始点向右开始移动，依次绘制出酒店客房外轮廓，如图 5.47 所示。

（4）单击"修改"工具栏中的"偏移"按钮，在命令提示区中输入墙体宽度，然后将其连接，完成后效果如图 5.48 所示。

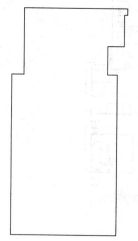

图 5.47　绘制酒店房型外轮廓

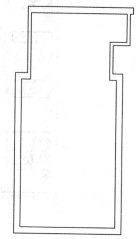

图 5.48　偏移并连接直线效果

（5）单击"绘图"工具栏中的"直线"按钮 ╱，在视图中确定出卫生间起始点和终点并使用"偏移"命令完成卫生间墙体轮廓，如图 5.49 所示。

（6）单击"绘制"工具栏中的"矩形"按钮，在视图中绘制一个矩形作为卫生间门框图形，如图 5.50 所示。

（7）单击"绘制"工具栏中的"矩形"按钮，在酒店房型图中绘制两个矩形作为窗口，如图 5.51 所示。

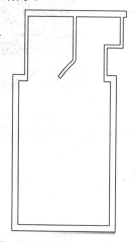

图 5.49　绘制卫生间墙体

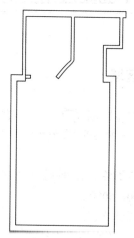

图 5.50　绘制门框

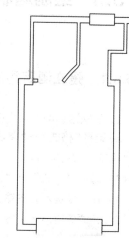

图 5.51　绘制矩形

（8）单击"修改"工具栏中的"修剪"按钮，在房型图中修剪门窗图形效果，如图 5.52 所示。

（9）单击"绘图"工具栏中的"直线"按钮 ╱，在修剪后的位置中确定起始点和终点，如图 5.53 所示。

（10）单击"修改"工具栏中的"阵列"按钮，在弹出的"阵列"对话框中选择"矩形阵列"，并设置"行偏移"参数，如图 5.54 所示。

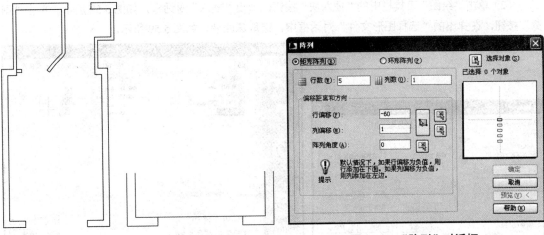

图 5.52 修剪门窗效果　　图 5.53 绘制直线　　　　图 5.54 "阵列"对话框

（11）单击"选择对象"按钮，在绘图区域选择直线，单击鼠标右键返回到"阵列"对话框，单击"确定"按钮，完成阵列效果如图 5.55 所示。

（12）使用矩形和圆弧绘制出门图，完成后效果如图 5.56 所示。

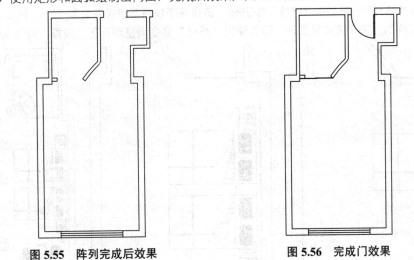

图 5.55 阵列完成后效果　　　　　　图 5.56 完成门效果

5.5.3 家居布置效果

（1）在"图层特性管理器"对话框中单击"新建图层"按钮，并将其命名为"酒店布置"层，其颜色选取"黑色"，其他设置为默认。单击"置为当前"按钮，如图 5.57 所示。

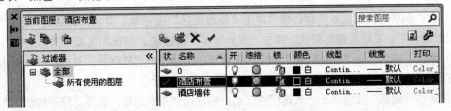

图 5.57 设置"酒店布局"为当前层

(2)单击"绘图"工具栏中的"插入块"按钮,弹出"插入"对话框,如图5.58所示。单击"浏览"按钮,在弹出的"选择图形文件"对话框中,选取床图块,如图5.59所示。

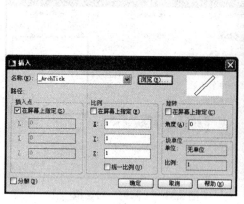

图5.58 "插入"对话框

图5.59 "选择图形文件"对话框选择要插入的图块

(3)单击"打开"按钮,将插入的床放置到酒店卧室中,然后使用"移动"命令调整到合适的位置,如图5.60所示。

(4)单击"修改"工具栏中"镜像"按钮,选择床图块将其镜像并复制一个,如图5.61所示。

(5)用同样的方法完成家居摆设,同时使用"移动"命令调整到合适的位置,如图5.62所示。

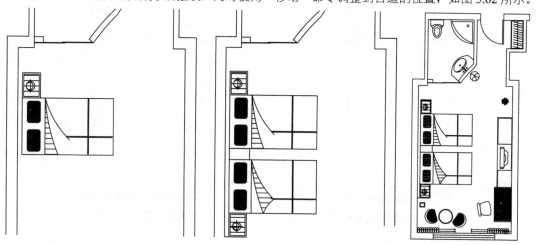

图5.60 插入床图块　　　　图5.61 镜像完成后效果　　　　图5.62 完成酒店客房家具

5.5.4 标注尺寸及材质效果

(1)在"图层特性管理器"对话框中单击"新建图层"按钮,并将其命名为"尺寸"层,其颜色选取"黑色",其他设置为默认。单击"置为当前"按钮,将该图层设为当前图层。

(2)选择"格式"→"标注样式"命令,在弹出的"标注样式管理器"对话框中,单击"新建"按钮,在弹出的"创建新标注样式"对话框中,将其命名为"标注尺寸"。

(3)单击"继续"按钮弹出"新建标注样式:标注尺寸"对话框,选择"符号和箭头"选项卡,在"箭头"区设置第一个、第二个和引线,如图5.63所示。

（4）选择"主单位"选项卡，设置单位格式为"小数"，精度为"0"，如图 5.64 所示。

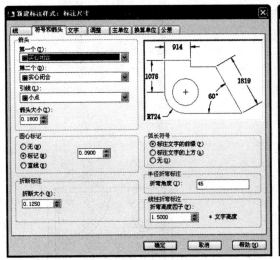
图 5.63 "新建标注样式：标注尺寸"对话框
设置符号和箭头选项

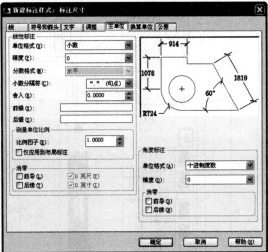
图 5.64 "新建标注样式：标注尺寸"对话框
设置主单位选项

（5）选择"标注"→"线性"命令，在绘图中单击指定起始点，确定"正交"按钮、"对象捕捉"按钮和"对象捕捉跟踪"按钮处于打开状态，选择"标注"→"线性"命令，在绘图区域单击鼠标左键指定起始点，标注酒店指定尺寸，如图 5.65 所示。

（6）选择"标注"→"连续"命令，在绘图区域指定第二个尺寸界线的起始点，然后分别标注其他图形的长度，如图 5.66 所示。

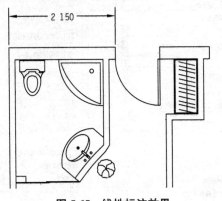
图 5.65 线性标注效果

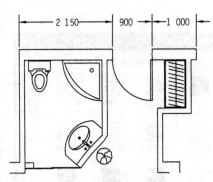
图 5.66 连续标注效果

（7）用同样的方法分别根据平面图要标注的位置标注相应的参数，并配合缩放功能完成整个酒店客房平面图尺寸标注，如图 5.67 所示。

（8）单击"绘图"工具栏中的"直线"按钮，在卧室平面图中标注出地面区域，如图 5.68 所示。

（9）单击"绘图"工具栏中的"图案填充"按钮，在弹出的"图案填充和渐变色"对话框中，单击"浏览"按钮，在弹出的对话框中选择"ANGLE"图案，如图 5.69 所示。

（10）单击"确定"按钮，返回到"图案填充编辑"对话框，设置角度和比例参数，如图 5.70 所示。

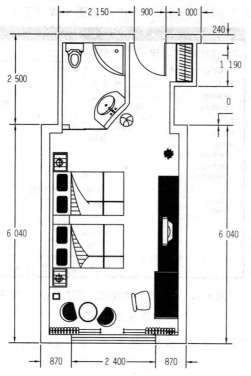

图 5.67　标注尺寸完成效果

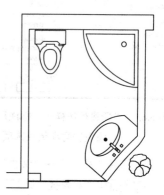

图 5.68　绘制卫生间地面区域

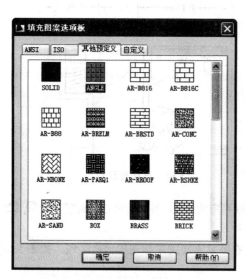

图 5.69　"填充图案选项板"对话框
设置图案样式

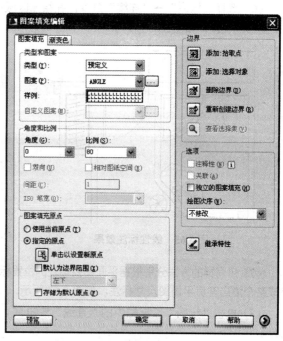

图 5.70　"图案填充编辑"对话框
设置比例参数

（11）单击"添加拾取点"按钮，将十字形鼠标指针在绘图区域内单击一次，选中填充区域，完成填充后效果，如图 5.71 所示。

（12）用同样的方法完成酒店客房地面效果，如图 5.72 所示。

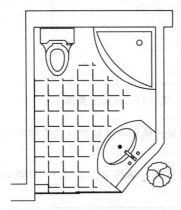
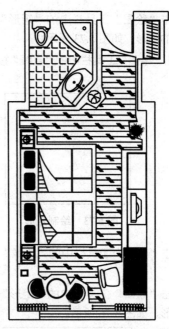

图 5.71　填充卫生间地面效果　　图 5.72　完成酒店客房地面材质

（13）选择"文件"→"保存"命令，在弹出的"保存"对话框中输入"酒店客房"，单击"确定"按钮将文件保存。

※ 5.6　绘制展示空间平面图应用实例

5.6.1　建立展示空间图纸区域

（1）在快速访问工具栏中单击"新建"按钮 ，在弹出的"选择样板"对话框中选择模板样式。

（2）选择"格式"→"单位"命令，在弹出的"图形单位"对话框中，设置其长度、角度和缩放比例，单击"确定"按钮完成。

（3）选择"格式"→"图形界限"命令，在命令提示区中输入 0，0↙。

（4）在命令提示区中输入 @7000，5000↙。

（5）在命令提示区中输入 z↙，输入 a↙。

5.6.2　绘制展示空间平面图

（1）单击"图层"工具栏"图层特性管理器"按钮 ，在"图层特性管理器"对话框中单击"新建图层"按钮 ，并将其命名为"平面图"层，其颜色选取"黑色"，其他设置为默认，单击"置为当前"按钮 。

展示空间平面图

（2）单击"绘图"工具栏中的"矩形"按钮▢，在绘图区域绘制一个长度为 4 000 mm、宽度为 3 500 mm 的矩形，如图 5.73 所示。

（3）单击"绘图"工具栏中的"直线"按钮╱，在矩形左下角位置绘制出一个三角形，如图 5.74 所示。

 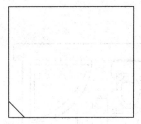

图 5.73　绘制矩形　　　　　图 5.74　绘制三角形

（4）单击"修改"工具栏中的"镜像"按钮⚠，选择三角形将其镜像并调整到右下角位置，如图 5.75 所示。

（5）单击"绘图"工具栏中的"矩形"按钮▢，在绘图区域绘制一个长度为 700 mm、宽度为 250 mm 的矩形，如图 5.76 所示。

 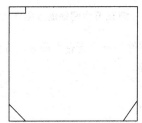

图 5.75　镜像完成后效果　　　　　图 5.76　绘制一个矩形

（6）单击"绘图"工具栏中的"矩形"按钮▢，在绘图区域绘制一个长度为 700 mm、宽度为 250 mm 的矩阵，如图 5.77 所示。

（7）单击"修改"工具栏中的"复制"按钮⌘，选择矩形后将其向右复制一个并调整到合适的位置。

（8）使用"圆"命令和"矩形"命令，沿矩形底边绘制一个矩形和圆，如图 5.78 所示。

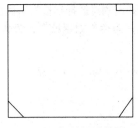 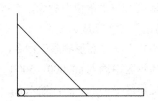

图 5.77　复制矩形效果　　　　　图 5.78　绘制一个矩形和圆形

（9）单击"修改"工具栏中"阵列"命令按钮▦，在弹出的"阵列"对话框中选择"矩形阵列"，并设置"列偏移"参数，完成后效果如图 5.79 所示。

图 5.79　阵列完成后效果

(10）选择绘制好的框架，使用"复制"命令向下复制出一个，复制完成后效果如图 5.80 所示。

(11）用同样的方法复制出左右两侧的框架，完成后效果如图 5.81 所示。

图 5.80　复制下方框架

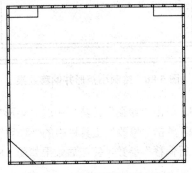
图 5.81　复制两侧框架效果

(12）使用"矩形"命令和"圆"命令绘制出射灯图形，如图 5.82 所示。

(13）使用"复制"命令和"旋转"命令完成四周射灯效果，如图 5.83 所示。

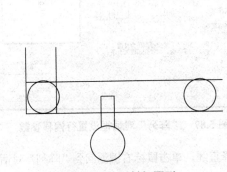
图 5.82　绘制射灯图形

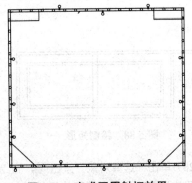
图 5.83　完成四周射灯效果

(14）单击"绘图"工具栏中的"矩形"按钮▭，在展示区域中绘制一个长度为 1 200 mm、宽度为 500 mm 的矩形，如图 5.84 所示。

(15）单击"修改"工具栏中的"偏移"按钮，在命令提示区中输入 T↙，再输入 20↙，完成偏移效果如图 5.85 所示。

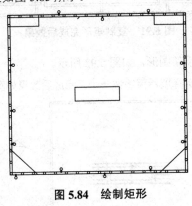
图 5.84　绘制矩形

图 5.85　偏移完成后效果

(16）用同样的方法绘制一个小矩形并进行偏移效果，完成展示柜效果如图 5.86 所示。

(17）单击"绘图"工具栏中的"矩形"命令按钮▭，在矩形中绘制一个矩形作为中间隔板，如图 5.87 所示。

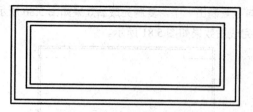
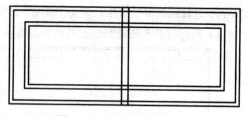

图 5.86　绘制小矩形并偏移效果　　　　图 5.87　绘制中间隔板

（18）单击"绘图"工具栏中的"矩形"按钮▭，在展示柜左侧绘制一个矩形，如图 5.88 所示。

（19）单击"修改"工具栏中的"阵列"按钮▦，在弹出"阵列"对话框中选择"矩形阵列"，并设置"行偏移"参数，完成后效果如图 5.89 所示。

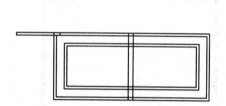
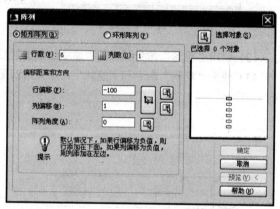

图 5.88　绘制矩形　　　　图 5.89　"阵列"对话框设置行偏移参数

（20）单击"选择对象"按钮，在绘图区域选择直线，单击鼠标右键返回到"阵列"对话框，单击"确定"按钮，完成阵列效果如图 5.90 所示。

（21）选择阵列后的矩形，单击"修改"工具栏中的"复制"按钮，复制矩形并调整到合适的位置，如图 5.91 所示。

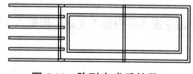
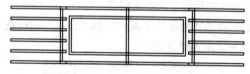

图 5.90　阵列完成后效果　　　　图 5.91　复制矩形完成后效果

（22）使用"弧形"命令和"矩形"命令绘制展示架图形，如图 5.92 所示。

（23）单击"修改"工具栏中的"镜像"按钮，选择展示架镜像一个，完成后效果如图 5.93 所示。

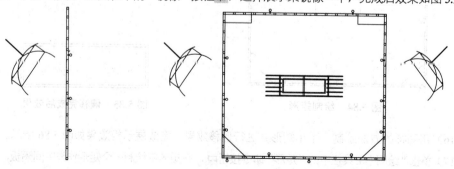

图 5.92　绘制展示架　　　　图 5.93　镜像完成后效果

5.6.3 标注尺寸及材质效果

（1）在"图层特性管理器"对话框中单击"新建图层"按钮，并将其命名为"尺寸"层，其颜色选取"黑色"，其他设置为默认。单击"置为当前"按钮，将该图层设为当前图层。

（2）选择"格式"→"标注样式"命令，在弹出的"标注样式管理器"对话框中，单击"新建"按钮，在弹出的"创建新标注样式"对话框中，将其命名为"标注尺寸"。

（3）单击"继续"按钮弹出"新建标注样式：标注尺寸"对话框，选择"符号和箭头"选项卡，在"箭头"选项区域设置第一个、第二个和引线，如图 5.94 所示。

（4）选择"主单位"选项卡，设置单位格式为"小数"，精度为"0"，如图 5.95 所示。

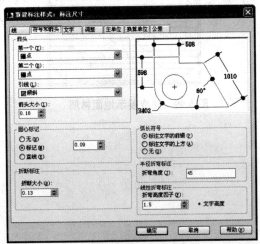

图 5.94　"新建标注样式：标注尺寸"对话框设置符号和箭头选项

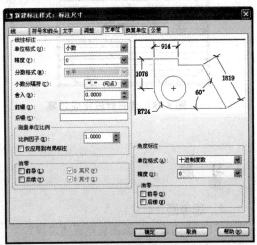

图 5.95　"新建标注样式：标注尺寸"对话框设置主单位选项

（5）选择"标注"→"线性"命令，在绘图区域中单击指定起始点，确定"正交"按钮、"对象捕捉"按钮和"对象捕捉跟踪"按钮处于打开状态，选择"标注"→"线性"命令，在绘图区单击鼠标左键指定起始点，标注展示区域尺寸，如图 5.96 所示。

（6）单击"绘图"工具栏中的"图案填充"按钮，在弹出的"填充图案选项板"对话框中，单击"浏览"按钮，在弹出的对话框中选择"DOLMIT"图案，如图 5.97 所示。

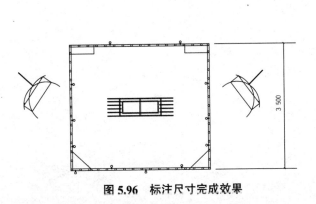

图 5.96　标注尺寸完成效果

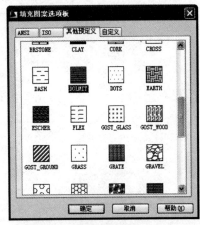

图 5.97　"填充图案选项板"对话框设置图案样式

(7) 单击"确定"按钮,返回到"图案填充和渐变色"对话框,设置角度和比例参数,单击"添加拾取点"按钮,将十字形鼠标指针在绘图区域内单击一次,选中填充区域,完成填充后效果如图5.98所示。

(8) 单击"修改"工具栏中的"分解"命令按钮,选择填充的材质将其打散。

(9) 使用"删除"命令和"移动"命令,调整与展示柜重叠区域材质,完成后效果如图5.99所示。

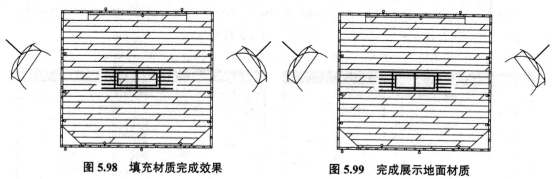

图 5.98 填充材质完成效果　　　图 5.99 完成展示地面材质

习 题

1. 思考题

（1）室内设计平面图包括哪些内容？

（2）简述在平面图中如何表现最佳效果。

2. 练习题

（1）练习内容。使用AutoCAD 2017软件,绘制展示厅平面图。

（2）练习规格。设置绘图区域为12 000 mm×8 000 mm。

（3）练习要求。使用"矩形"命令、"直线"命令、"插入块"命令、"复制"命令等绘制出展示厅平面图。

学习情境 6
室内顶面图设计

顶面图一般是用镜面视图或仰视图的图示法绘制，主要用来表现顶部中藻井、花饰、浮雕及阴角线的处理形式；表明顶部上各种灯具的布置状况及类型，顶部上消防装置和通风装置布置状况与装饰形式。

本学习情境主要解决的问题：
1. 什么是吊顶平面图？
2. 顶面布局图包括哪些内容？
3. 掌握吊顶平面图设计的方法。

※ 6.1 吊顶平面图

吊顶设计是装饰工程设计的主要内容，设计时要绘制吊顶平面图（或称天花平面图），可以简称顶面图。

顶面图中应表明顶部表面局部起伏变化状况，即吊顶叠层表面变化的深度和范围。变化深度可用标高表明，构造复杂的则要用剖面图表示；投影轮廓可用中线绘制并标明相应尺寸。

顶面图中应表明顶部上各种灯具的设置状况，如吸顶灯、吊灯、筒灯、射灯等各种灯具的位置与类型，并标明灯具的排放间距及灯具安装方式。

顶部上如有浮雕、花饰及藻井时，当顶面图的比例较大，能直接表达时，便应在顶面图中绘出，否则可用文字注明并另用大样图表明。

顶面图中还应表明顶部表面所使用的装饰材料的名称及色彩。

吊顶做法如需用剖面图表达时，顶面图中还应指明剖面图的剖切位置与投影，对局部做法有要求时，可用局部剖切表示。

6.1.1 绘制住宅顶面布局图

1. 住宅顶面图

平面房型图地面材质完成后，开始绘制顶面图。将客厅上方作吊顶，吊顶的高度为 200 mm。厨房和卫生间采用铝扣板吊顶，吊顶高度为 300 mm。卧室和书房表面涂乳胶漆。

（1）单击"图层"工具栏中的"图层特性管理器"按钮，在弹出"图层特性管理器"对话框中单击"新组过滤器"按钮，建立一组图层，并命名为"顶部图"，如图 6.1 所示。

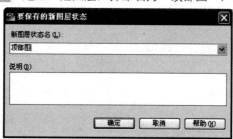

图 6.1 "要保存的新图层状态"对话框

（2）在"图层特性管理器"对话框中单击"新建图层"按钮，并将其命名为"吊顶"层，其颜色选取"橘黄色"，其他设置为默认。设置吊顶图层为当前图层，如图 6.2 所示。

图 6.2 设置"吊顶"为当前图层

（3）在"图层特性管理器"对话框中只保留"平面图"层和"门窗"层，并将其他的图层关闭，如图 6.3 所示。

6.1 吊顶平面图

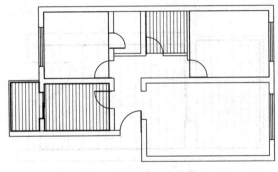

图 6.3 关闭后的效果

（4）单击"绘图"工具栏中的"矩形"按钮囗，在客厅内墙中单击鼠标左键，在命令提示区输入 @2860，3410↙，绘制出一个矩形作为顶部，单击"修改"工具栏中的"偏移"按钮，将矩形偏移 50 mm，作为顶部周边的线脚，如图 6.4 所示。

（5）用同样的方法，完成卧室和书房的顶部图，如图 6.5 所示。

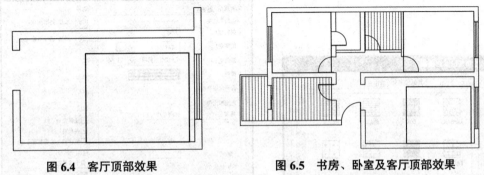

图 6.4 客厅顶部效果　　　　　　　图 6.5 书房、卧室及客厅顶部效果

（6）单击"绘图"工具栏中的"直线"按钮，绘制出厨房和阳台的顶部，如图 6.6 所示。

（7）单击"绘图"工具栏中的"图案填充"按钮，在弹出的"图案填充和渐变色"对话框中，单击"添加：拾取点"按钮，如图 6.7 所示。将十字形鼠标指针在绘图区域内单击一下，得到填充区域，单击鼠标右键，单击"确定"按钮返回对话框，如图 6.8 所示。

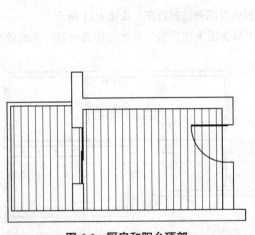

图 6.6 厨房和阳台顶部

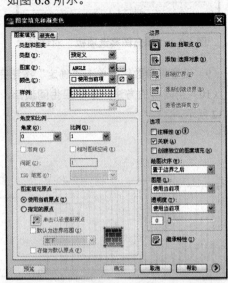

图 6.7 "图案填充和渐变色"对话框

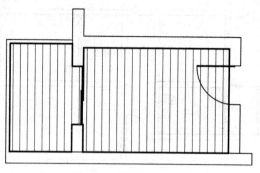

图 6.8 选取填充区域

（8）在"图案填充和渐变色"对话框中单击"图案"后面的"浏览"按钮，在弹出的对话框中，选择"CLAY"图案，如图 6.9 所示。单击"确定"按钮后，返回到"图案填充和渐变色"对话框，在比例栏中输入 1，如图 6.10 所示。

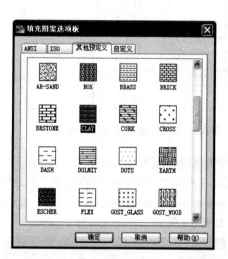

图 6.9 "填充图案选项板"对话框

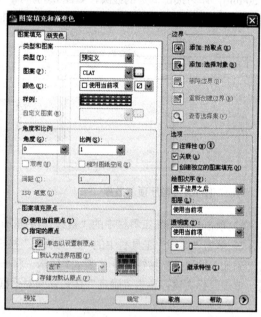

图 6.10 "图案填充和渐变色"对话框

（9）设置好参数后，单击"确定"按钮完成厨房及阳台顶部效果，如图 6.11 所示。

（10）用同样的方法，绘制卫生间顶部，其"填充图案选项板"参数与厨房一样，完成效果如图 6.12 所示。

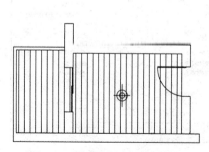

图 6.11 厨房及阳台顶部造型

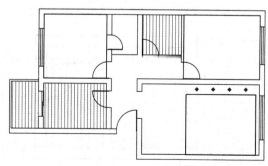

图 6.12 整体顶部造型

2. 住宅顶面灯具布置

顶部造型布置完成后，要对室内住宅进行灯具的布置。

（1）单击"图层"工具栏中的"图层特性管理器"按钮，在弹出的"图层特性管理器"对话框中单击"新组过滤器"按钮，建立一组图层，并命名为"灯具布置"，如图 6.13 所示。

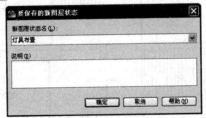

图 6.13 "要保存的新图层状态"对话框

（2）在"图层特性管理器"对话框中单击"新建图层"按钮，并将其命名为"灯具布置"层，其颜色选取"黄色"，其他设置为默认。设置灯具布置图层为当前图层，如图 6.14 所示。

图 6.14 设置"灯具布置"为当前图层

（3）单击"绘图"工具栏中的"插入块"按钮，在弹出的"插入"对话框中，单击"浏览"按钮，如图 6.15 所示，在弹出的"选择图形文件"对话框中，选取要插入的灯具图形，如图 6.16 所示。

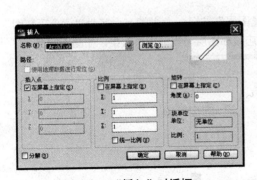

图 6.15 "插入"对话框

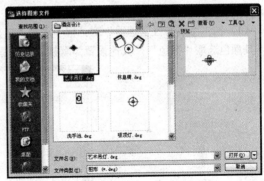

图 6.16 "选择图形文件"对话框

（4）将插入的灯具图形安置到客厅中，并配合"移动"命令和"复制"命令，完成客厅吊灯布置，如图 6.17 所示。

（5）插入"筒灯"，并调整位置，使用"阵列"命令布置灯具，完成客厅灯具布置，如图 6.18 所示。

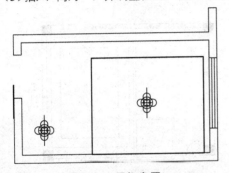

图 6.17 吊灯布置

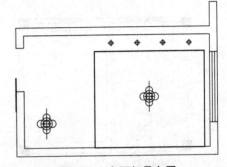

图 6.18 客厅灯具布置

（6）用同样的方法，分别插入其他灯具，同时配合"移动"命令和"复制"命令，完成整体灯具布置，如图 6.19 所示。

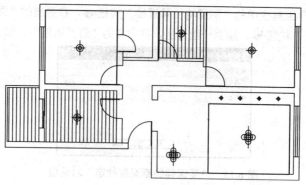

图 6.19　灯具布置效果

到此为止，住宅平面图的绘制就已经完成了，通过这个住宅平面图的练习，掌握了绘制平面图的流程及基本方法，熟练运用绘图功能和修改功能的操作方法和技巧。

6.1.2　绘制酒店房型图顶面图

1. 酒店顶部图

（1）在"图层特性管理器"对话框中单击"新建图层"按钮，并将其命名为"酒店顶部图"层，其颜色选取"黑色"，其他设置为默认。设置酒店顶部图层为当前图层效果，如图 6.20 所示。

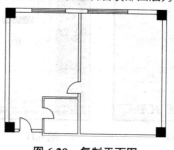

图 6.20　复制平面图

（2）单击"绘图"工具栏中的"矩形"按钮，在绘图区域中绘制一个矩形作为吊顶图形，如图 6.21 所示。

（3）单击"修改"工具栏中的"偏移"按钮，在命令提示区输入 50，完成偏移效果如图 6.22 所示。

 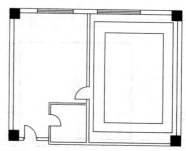

图 6.21　绘制矩形　　　　　　　图 6.22　偏移矩形完成效果

（4）单击"绘图"工具栏中的"矩形"按钮口，在绘图区域中绘制一个矩形作为吊顶造型，如图 6.23 所示。

（5）单击"修改"工具栏中的"复制"按钮，向右移动复制出吊顶造型，效果如图 6.24 所示。

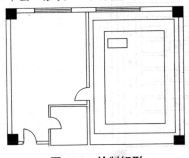 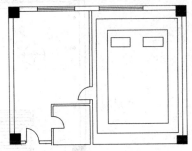

图 6.23　绘制矩形　　　　　　　　　图 6.24　复制矩形效果

（6）选择两个矩形，使用"阵列"命令设置各项参数，完成后效果如图 6.25 所示。

（7）用同样的方法绘制出吊顶中间造型，如图 6.26 所示。

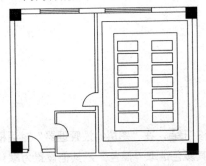 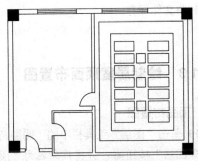

图 6.25　阵列完成后效果　　　　　　图 6.26　绘制吊顶中间造型

（8）单击"绘图"工具栏中的"直线"按钮，在客厅区域中绘制出吊顶图形，如图 6.27 所示。

（9）单击"绘图"工具栏中的"矩形"按钮口，在卫生间区域绘制一个矩形作为顶面，并单击"图案填充"按钮，设置"图案"样式为"LINE"，填充顶面完成顶面绘制，如图 6.28 所示。

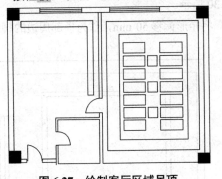 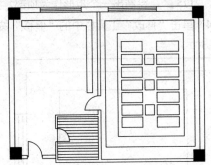

图 6.27　绘制客厅区域吊顶　　　　　图 6.28　填充卫生间材质

2. 酒店灯光布局

（1）在"图层特性管理器"对话框中单击"新建图层"按钮，并将其命名为"灯光布置"层，其颜色选取"黑色"，其他设置为默认。设置灯光布置图层为当前图层。

（2）单击"绘图"工具栏中的"插入块"按钮，在弹出的"插入"对话框中单击"浏览"按钮，在弹出的"选择图形文件"对话框中，选取要插入的灯模型图块。

（3）将插入的灯模型图块安置到酒店顶部图中，并利用"移动"命令调整灯光位置，完成酒店灯光布置，如图 6.29 所示。

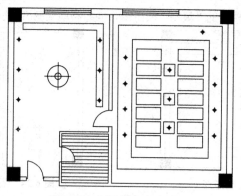

图 6.29　布置灯光完成效果

（4）选择"文件"→"保存"命令，在弹出的"保存"对话框中输入"酒店平面图"，单击"确定"按钮将文件保存。

6.1.3　绘制居室顶面布置图

1. 顶面布置图

（1）单击"图层"工具栏中的"图层特性管理器"按钮，在"图层特性管理器"对话框中单击"新建图层"按钮，并将其命名为"顶部图"层，其颜色选取"黑色"，其他设置为默认。设置顶部图层为当前图层。

（2）在"图层特性管理器"对话框中只保留"平面图"图层，将其他多余图层关闭，然后将平面图向右进行复制。

（3）单击"绘图"工具栏中的"矩形"按钮，在卧室中指定起始点，在命令提示区中输入 @2553,2175，绘制出一个矩形作为顶部，如图 6.30 所示。

（4）单击"修改"工具栏中的"偏移"按钮，将矩形偏移 50 mm，作为顶部周边的脚线，如图 6.31 所示。

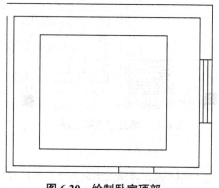

图 6.30　绘制卧室顶部

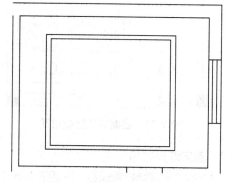

图 6.31　偏移完成效果

（5）使用"矩形"命令和"偏移"命令，绘制出客厅顶部图形，完成后效果如图 6.32 所示。

（6）单击"绘图"工具栏中的"直线"按钮，绘制出玄关和卫生间顶部，如图 6.33 所示。

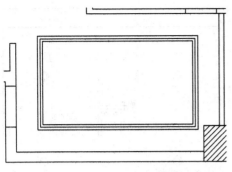

图 6.32 绘制客厅顶部图形

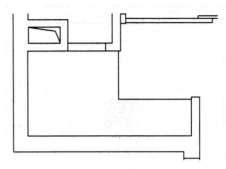

图 6.33 绘制玄关顶部

（7）单击"绘图"工具栏中的"图案填充"按钮,在弹出的"图案填充和渐变色"对话框中,单击"添加：拾取点"按钮,将十字形鼠标指针在区域内单击。

（8）右击返回对话框,在"图案填充和渐变色"对话框中单击"浏览"按钮,在弹出的"填充图案选项板"对话框中,选择"NET"图案,如图 6.34 所示。

（9）单击"确定"按钮后,返回到"图案填充和渐变色"对话框,在"比例"文本框中输入60,单击"确定"按钮,设置完成后效果如图 6.35 所示。

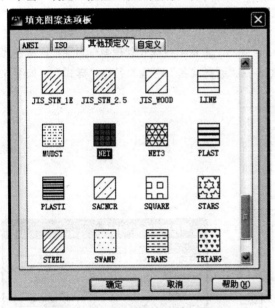

图 6.34 "填充图案选项卡"对话框

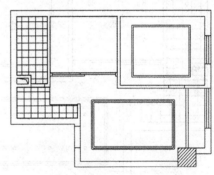

图 6.35 玄关、卫生间顶部效果

2. 布置居室灯具

（1）单击"图层"工具栏中的"图层特性管理器"按钮,在"图层特性管理器"对话框中单击"新建图层"按钮,并将其命名为"灯具布置"层,其颜色选取"黑色",其他设置为默认。设置灯具布置图层为当前图层。

（2）单击"绘图"工具栏中的"插入块"按钮,在弹出的"插入"对话框中,单击"浏览"按钮,在弹出的"选择图形文件"对话框中,选择"吊灯.dwg"。

（3）单击"打开"按钮,将吊灯图块插入到书房中并调整到合适的位置,如图 6.36 所示。

（4）使用"插入块"命令和"复制"命令,插入筒灯并复制到合适的位置,完成书房灯具布置,如图 6.37 所示。

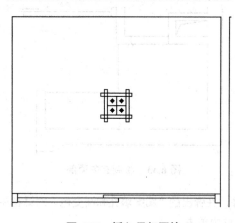
图 6.36 插入吊灯图块

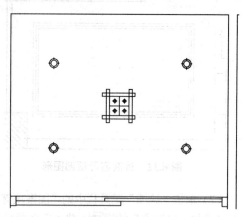
图 6.37 调入筒灯并复制

（5）选择书房中其中一个筒灯，使用"移动""复制"和"阵列"命令，完成居室灯具布置图，如图 6.38 所示。

（6）单击"图层"工具栏中的"图层特性管理器"按钮，在"图层特性管理器"对话框中单击"新建图层"按钮，并将其命名为"材质标注"层，其颜色选取"黑色"，其他设置为默认。单击"置为当前"按钮，将该图层设为当前图层。

（7）选择"格式"→"多重引线样式"命令，弹出"多重引线样式管理器"对话框，单击"新建"按钮，弹出"创建新多重引线样式"对话框，在"新样式名"栏输入名称"样式"，如图 6.39 所示。

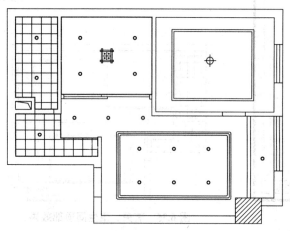
图 6.38 居室灯具布置完成效果

图 6.39 "创建新多重引线样式"对话框

（8）单击"继续"按钮，弹出"修改多重引线样式：样式"对话框，选择"引线格式"选项卡，在"箭头"区设置符号和大小，如图 6.40 所示。

（9）单击"确定"按钮，返回到"多重引线样式管理器"对话框，在"样式"栏出现"箭头"样式，单击"关闭"按钮。

（10）选择"标注"→"多重引线"命令，在绘图区域指定标注的起始点，在弹出的"文字样式"对话框中输入文字及设置字体大小，完成文字标注后，效果如图 6.41 所示。

（11）用同样的方法标注灯具名称及顶部材质名称，标注材质完成后，效果如图 6.42 所示。

6.2 室内设计透视——归纳与提高

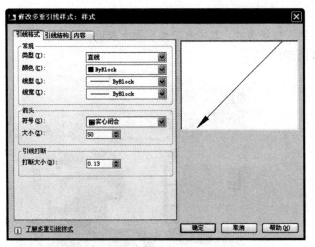

图 6.40 "修改多重引线样式：样式"对话框

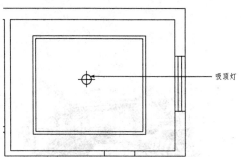

图 6.41 标注文字效果

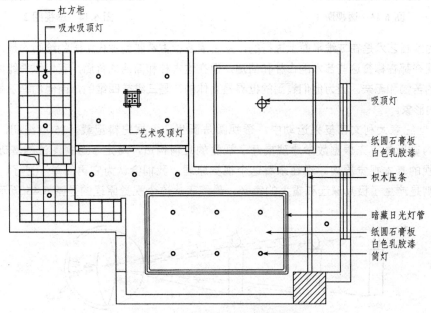

图 6.42 标注顶部材质完成效果

※ 6.2 室内设计透视——归纳与提高

6.2.1 透视绘图的原理

绘画艺术的时空状态常被分为一维空间、二维空间、三维空间、四维空间四种状态。其中，一维空间是指点和线的状态；二维空间是指平面的状态；三维空间是指立体的状态；四维空间是指立体加上时间的状态。

人类的绘画艺术是逐步由一维状态进步到四维状态的，其中在二维平面上表现三维立体的透视图法是这一进步的关键，如图 6.43 和图 6.44 所示。

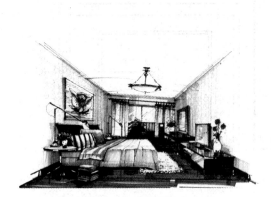 

图 6.43　透视图 1　　　　　　　　　　　　图 6.44　透视图 2

古代的绘画艺术是在二维平面上进行的，从古埃及、古希腊到古代中国的绘画均是以平面形象出现的。现在都在称赞这些艺术的古朴和简洁，但在这古朴和简洁的背后，我们似乎能体会到古代艺术家们的苦恼和无奈。因为他们看到的世界是立体的，是三维或四维的，而他们笔下画出的却只能是二维的形象。

在 15 世纪意大利文艺复兴运动中，透视图法诞生了。据史料记载，15 世纪初，建筑家、画家布鲁内勒斯基首先根据数学原理揭开了视觉的几何构造，奠定了透视图法的基础，并提出了绘画透视的基本视觉原理。现在来看这个视觉原理，我们会认为它再简单不过了，但在当时的情况下则是产生了极其深远和重大的意义。最能表达这个视觉原理的是图 6.45 所示的著名的图解。

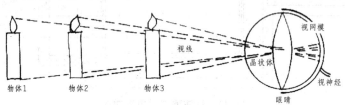

图 6.45　视觉原理

物体（蜡烛）通过眼球的晶状体对焦后反映在视网膜上，再通过视神经传向大脑，近处的蜡烛反映在视网膜上的图像要比远处的蜡烛大，越近越大，越远越小。透视图法的第一个定理近大远小，就这样被证明了。

有了科学的依据后，画家们便开始研究怎样将定理变成可以实践的图法。

在几百年间，有许多画家、数学家和科学家为探索透视图法做出了贡献，如何尔伯蒂、乌切洛。这些探索和试验被艺术史上的超级巨匠达·芬奇进行了集大成式的总结并发扬光大，且使用完整的数学原理将其陈述下来。

16 世纪，线的透视法基本上被严谨的德国画家丢勒等完成了。

17 世纪，空气透视的研究迈上了新台阶，代表人物是伦勃朗、鲁本斯等。

18 世纪、19 世纪重点解决色彩透视。以莫奈为首的印象派画家对色彩进行了透彻地分析和研究。

随着透视图法中一个个难题的破解，写实主义的绘画艺术终于在19世纪达到了巅峰状态，透视图法被奉为画家们的秘密武器。

在19世纪末工业革命的余晖里，有一个小小的发明打破了绘画艺术家的美梦——照相术。实际上，如果照相术的发明人申请专利，这个专利的受益人应该是最早发现视觉原理的人。比较一下视觉原理和照相机的成像原理就会发现，照相机就是用金属模仿眼珠，用玻璃镜头模仿晶状体，用胶片模仿视网膜，用机械旋动模仿眼睛的聚焦。

透视图逐渐被画家们疏远了，在现代流派的著名大师中，只有毕加索和达利曾深入地研究过透视图法。在毕加索的《格尔尼卡》这张作品中，传统的透视形象依稀可辨而又被肢解重组。在达利的超现实主义的梦幻境界里，透视图法被修改成一张画中有多个视点，左右移动，上下移动，产生幻觉及非现实的意境。而绝大多数的前卫艺术家们和批评家们则对透视图法敬而远之，均将写实主义的美术作品视为低能。

6.2.2 透视的发展

中国有着悠久的绘画史，中国古代的画家几乎是与西方文艺复兴运动的画家们同时发现了透视图法的视觉规律的。在中国古代的画论中，曾论述过画风景的要点是"远山无石，远树无枝，远水无波，远人无目"，其大意是画远处景物或人物不要刻画细节而只取大貌，近大远小，近实远虚。这是多么敏锐的感觉和生动的论述。只可惜中国的画家们只是停留在这感觉上，而没有像西方学者那样用科学方法加以论证。这多少有些像中国人发明了火药而枪炮却是西方人造出来的一样。我们虽有了透视图法的感觉，但没有上升到更高的技术理论水平。

现在，透视图法已经渗入到这个多元世界的各个层面上，它的载体已经从传统的纯绘画领域转向了建筑及室内透视效果图、工业产品设计效果图、书籍插图、电视广告、计算机三维设计等商业美术的领域。

两次世界大战后，西方各国百废待兴，全世界都掀起了建设的高潮，而这时，成全建筑师、城市规划师和工业设计师们的最强有力的工具，就是透视效果图。用透视图法将建筑师们的构思画成惟妙惟肖的写实效果图，使决策者们能直观地感受到即将完成的工程或产品的真实情况，这一点是透视图法为新时代做出的新贡献。

由于招标和投标制度逐渐成为设计界和工程界的法规，透视效果图的重要性也就被越来越多的人所认可。

1953年，澳大利亚为建造悉尼歌剧院向全世界建筑界进行公开招标，中标者丹麦建筑师伍重就是以一张极具创意的水彩透视效果图而赢得了这项举世瞩目的大型工程。

无论是设计一个城市酒店，设计一款新式汽车，或是装修一个小餐馆，甚至是改建一个路边读报栏，现今的业主或投资人都会先找几位设计师以透视效果图进行设计竞争。这种投标竞争，使透视图法的地位得以不断提高。

6.2.3 透视图法的基本方法

要研究透视图法，必须先理解其常用的语汇。一般要掌握下列常用基本用语，并理解其内涵，如图6.46所示。

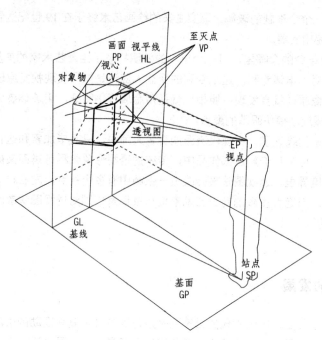

图 6.46 透视图原理

(1) 视点 EP（EYE POINT），指眼睛的位置。

(2) 站点 SP（STANDING POINT），指画者在地面上的位置。

(3) 画面 PP（PICTURE PLANE），指视点前方的作图面，通常是测量时假想的一个面。画面应垂直于地面。

(4) 基面 GP（GROUND PLANE），指物体放置的平面，或画者所站立的地平面。

(5) 基线 GL（GROUND LINE），指画面与地面交界的一条线。

(6) 视平线 HL（HORIZON LINE），指与画者眼睛同高的一条线。

(7) 视心 CV（ENTER OF VISIO），指视点正垂直于画面的一点。视心与视点的连线在视平线上，且垂直于该线。

(8) 中心视线 CVR（CENTRAL VISUAL RAY），指视点至视心的连接线及延长线。

(9) 灭点 VP（VANISHING POINT），指透视线的终点，其位置在视平线上。在二点透视中，灭点又分为左灭点 VL 和右灭点 VR 两种；在三点透视中，除左、右两个灭点外，还有垂直灭点 VV。

(10) 测点 MP（MEASURING POINT），指便于绘制透视图的辅助测量点。其又分为右测点 MR 和左测点 ML。

(11) 测线 ML（MEASURING LINE），指便于绘制透视图的辅助测量线。

(12) 一点透视，指一个立方体（物体）平行于画面及地面，且有一组边线消失于视心的透视图法，又称为平行透视，如图 6.47 所示。

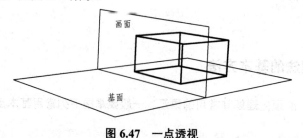

图 6.47 一点透视

（13）两点透视，指一个立方体（物体）不平行于画面，但平行于地面，且有两组边线分别消失于左灭点 VL 和右灭点 VR 的透视画法，又称为成角透视，如图 6.48 所示。

（14）三点透视，指一个立方体（物体）不平行于画面，也不平行于地面，且其三组边线分别消失于左灭点 VL、右灭点 VR 和垂直灭点 VV 的透视图法，如图 6.49 所示。

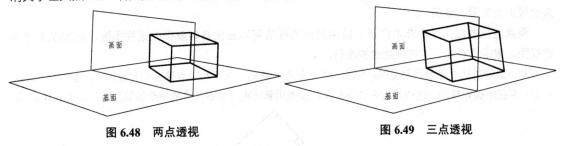

图 6.48　两点透视　　　　　　　图 6.49　三点透视

6.2.4　透视的应用和画法

1. 一点透视法

一点透视法是线透视法中最基本的也是最古老的透视作图法。它是以空间物体上的各点作连接视线，求出视线与画面的交点，然后连接这些交点所得的物体的透视图像法。

视距和视高在透视图法中是两个一组按要求随意调整的变数。这两个变数的调整对透视形象会产生不同的效果。

视距的确定是在选择视点位置时得到的。视距过近，透视易产生失真现象；视距过远，透视感则弱，立体感也差。一般视距的选择应选物体长、宽、高三个尺寸中最大一个尺寸的后边。例如，某物体的尺寸是长 3 m、高 5 m，其最大尺寸高 5 m，视距的位置就应在 5 m 以后的位置，10 m 或 15 m 均是较佳的视距，但又不应太远，如果现距选在 50 m 以外，则该 5 m 的物体所生成的透视形象会平淡而无立体感。

视高是指绘图者在观察被画物体时双眼的高度。双眼之间连成一条水平线，这条水平线即为视平线，视平线的高度即为视高。当物体在视平线下方时，形成的物体透视形象就是俯视；当物体处在视平线上方时，形成的物体透视形象就是仰视；当物体的位置在视平线上、下方均可出现时，则为平视。

一点透视法的主要优点是条理清晰，推理感强，但它也有其致命的缺陷，就是在作图时，图面上要首先画出物体的平面图和立面图，既费时又使图面上真正用于绘制透视形状的有效面积减小很多，而且，视线在连接和转移时误差较大，无法画出很复杂的形体，如图 6.50 所示。

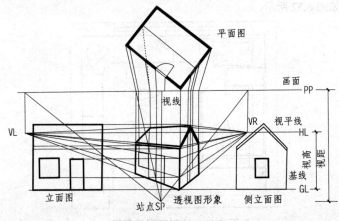

图 6.50　一点透视法

2. 两点透视法

由于此种方法是建筑师们长期以来绘制建筑透视图的主要方法，故又被称为建筑师法。

两点透视的最大特点是用依照几何图法求作的左、右两个测点，代替了视线法中必须在图面上出现的平面图和立面图，只根据设计图中的长、宽、高尺寸直接求作透视图即可。作图与一点透视法比较更为简便、准确。

两点透视的应用范围非常广泛。应用两点透视法可以画出各种复杂的透视图形，诸如工业产品透视图、建筑透视图、城市规划透视图等。

两点透视的优点是显而易见的，但它的不足是左、右两个灭点和站点往往在图板以外，图幅越大，灭点或站点在图板外越远。这也是后来透视专家们试图用新透视图法取代它的一个重要原因，如图6.51所示。

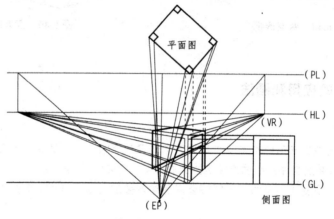

图 6.51 两点透视法

练习题

1. 思考题

（1）室内设计顶面布局图包括哪些内容？

（2）简述在顶面布局图中表现最佳效果的方法。

2. 练习题

使用"多线"命令、"矩形"命令和"阵列"命令，绘制家居平面图并标注尺寸，绘制完成后效果如图6.52所示。

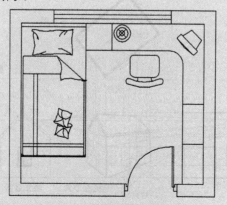

图 6.52 绘制家居平面图

学习情境 7
AutoCAD 2017 绘制室内立面图

室内设计立面图反映的是室内墙面的装饰及布置情况,而它的具体作用包括:固定墙面装修并画出装饰品,说明家具的陈设。同时,在设计上还可以作为设计效果及透视效果的一个参照。

本学习情境主要解决的问题:
1. 什么是室内立面图?
2. 室内立面图的设计原则包括哪些?
3. 掌握立面图设计的方法和步骤。

※ 7.1 室内设计立面图

室内设计立面图可以看到物体（如家具、家电）空间竖向和横向的尺寸、墙面装饰材料（材质、色彩与工艺）和装饰物（如壁画、悬挂织物、灯具装饰物）等，都是需要通过绘制室内设计立面图进行标明的内容。

从空间组合角度讲，内部空间的规模、尺度和功能会对外观多种要素（如体量组合、窗门大小等）起到影响。因此，外部特征和内部使用功能应该做到协调统一。

受时代、地点、设计师风格等因素的影响，世界上没有完全一致的室内样式。因此，立面设计就应该突出自己的风格。并且，随着内部空间组织方式的不断变化，还出现了新的室内形体概念、表现手法和形体处理方法。例如，在国外，在对空间的组织上，就打破了"六面体"这一传统概念，而是将一个大空间，自由灵活地分隔成很多小空间。

对于室内设计，体形方面的表现可以各有特点，但体量组合却有着一些共同的原则，具体如下。

1. 主从分明、有机组合

组成室内体量的因素可以分为"主要和次要"两种，因此，在设计时应该做到"主从分明"；而"有机结合"是指各要素之间，应该进行巧妙、紧密而有序的连接，使其最终形成统一和谐的整体。

2. 对比和变化

对各要素进行适当的对比和变化，目的是避免单调。具体做法是利用功能特点组织空间、体量，并对比其本身在大小、高低、横竖、直曲间的差异，从而求得体量组合上的变化。

3. 稳定

长久以来，人们一直将稳定作为一种形式美的原则来对待。当然，随着时代的前进，这种观念也逐渐被改变。

与传统室内设计相比，现代室内设计将轮廓线变得简洁，突出的是它与形体组合后的各种变化效果。除此之外，在对于比例与尺度、虚实与凹凸、色彩与质感、装饰与细部的处理以及墙面与窗的组织等方面，现代室内设计，也都有着自己的特点。

（1）比例与尺度的处理。在比例处理上，首先要解决室内设计整体的比例关系（即长、宽、高的比例关系）；之后，还要解决好各部分之间的比例关系、墙面分割的比例关系和每一个细部的比例关系。

尺度处理的作用在于让几何形体的大小和经过室内设计后人体感觉的空间大小相一致。

（2）虚实与凹凸的处理。虚与实、凹与凸是对立统一的关系，它们的处理效果好坏，将直接影响到墙面、柱、阳台、凹廊、门窗、挑檐、门廊的组合。由此可见，虚实与凹凸的处理对于室内设计外观效果的影响很大，而巧妙利用虚与实、凹与凸的对比和变化，是处理的关键所在。

（3）色彩与质感的处理。色彩与质感受制于设计材料。因此，要想将色彩与质感处理得当，获得良好的效果，就必须对所使用的设计材料进行选择。另外，单从色彩角度来看，还应该考虑到民族文化的影响。

（4）装饰与细部的处理。装饰，是室内设计的一个组成部分。因此，它应该与构图、尺度、色彩质感等细部问题一样，对整体保持统一。同时，就装饰本身而言，它也应该保持着整体上的统一。

（5）墙面的处理。墙面处理是将墙、垛、柱、窗洞、槛墙等要素组织起来，使之有条理，有秩序，有变化。为此，在组织墙面时必须充分利用这些内在要素的规律性而使之既能反映内部空间和结构的特点，同时又具有美好的形式，特别是具有各种形式的韵律感，从而形成一个统一和谐的整体。

7.1.1 绘制书桌立面图

本案例为一个书桌立面图的绘制，通过绘图工具和修改工具绘制图形。

（1）选择"格式"→"图形"命令，在弹出的"图形单位"对话框中设置其长度、角度和缩放单位，如图7.1所示，单击"确定"按钮完成。

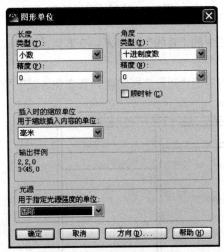

图7.1 "图形单位"对话框

（2）单击状态栏中的"正交"按钮，打开正交模式。单击"绘图"工具栏中的"直线"按钮，在绘图区域中绘制出书桌桌面图形。单击鼠标左键指定起始点，绘制直线如图7.2所示。

图7.2 绘制书桌面图形

（3）单击"绘图"工具栏中的"直线"按钮，在绘图区域中向下绘制两条直线，复制后，如图7.3所示。

（4）使用"直线"命令绘制出书桌底部直线，绘制完成后效果如图7.4所示。

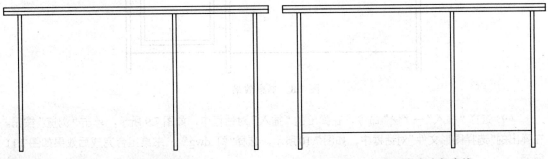

图7.3 绘制直线并复制　　　　　图7.4 绘制书桌底部直线

（5）使用"直线"命令和"偏移"命令绘制出抽屉板厚度，绘制完成后效果如图 7.5 所示。

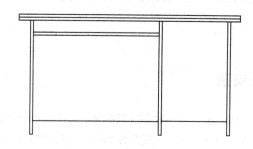

图 7.5　绘制抽屉板厚度

（6）单击"绘图"工具栏中的"直线"按钮，在右侧区域中指定起始点，向右绘制直线作为抽屉间隔，如图 7.6 所示。

（7）单击"绘图"工具栏中的"矩形"按钮，在右侧区域中绘制出两个矩形作为抽屉和门，绘制完成后效果如图 7.7 所示。

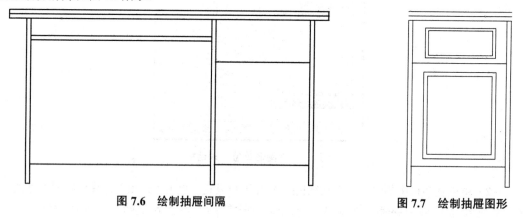

图 7.6　绘制抽屉间隔　　　　　　图 7.7　绘制抽屉图形

（8）使用"移动"命令调整好书桌位置，效果如图 7.8 所示。

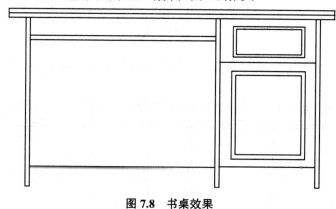

图 7.8　书桌效果

（9）选择"插入"→"块"命令，在弹出的"插入"对话框中，如图 7.9 所示，单击"浏览"按钮，在弹出的"选择图形文件"对话框中，如图 7.10 所示，选择"灯.dwg"，书桌组合完成后效果如图 7.11 所示。

7.1 室内设计立面图

图 7.9 "插入"对话框

图 7.10 "选择图形文件"对话框

图 7.11 书桌组合完成效果

7.1.2 绘制书架立面图

本案例为一个书架立面图的绘制，通过绘图工具和修改工具绘制图形。

(1) 单击状态栏中的"正交"按钮，打开正交模式。单击"绘图"工具栏中的"矩形"按钮，单击鼠标左键指定起始点，在绘图区域中绘制出书架图形，如图 7.12 所示。

(2) 单击"绘图"工具栏中的"矩形"按钮，单击鼠标左键指定起始点，在绘图区域中绘制出书籍图形，如图 7.13～图 7.15 所示。

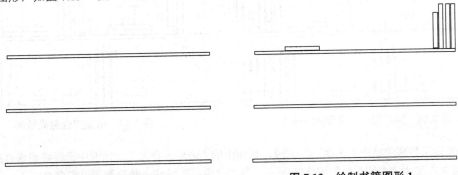

图 7.12 绘制书架图形　　　　图 7.13 绘制书籍图形 1

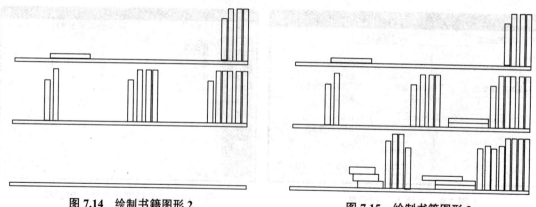

图 7.14 绘制书籍图形 2　　　　图 7.15 绘制书籍图形 3

（3）选择"插入"→"块"命令，在弹出的"插入"对话框中，单击"浏览"按钮，在弹出的"选择图形文件"对话框中，选择"装饰物.dwg"，如图 7.16 所示。单击"打开"按钮，将装饰物 1 插入到书架中并调整到合适的位置，如图 7.17 所示。

　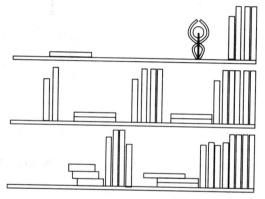

图 7.16 "选择图形文件"对话框　　　　图 7.17 插入图——装饰物图块 1

（4）用同样的方法插入装饰物 2，并使用"复制"命令将其复制到合适的位置，书架组合完成效果如图 7.18 和图 7.19 所示。

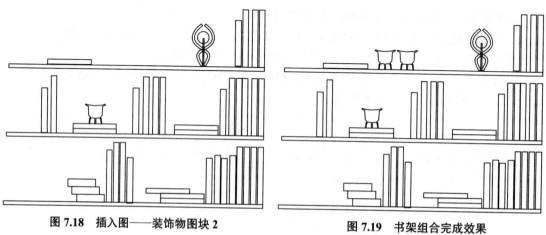

图 7.18 插入图——装饰物图块 2　　　　图 7.19 书架组合完成效果

（5）在工具栏中单击"保存"按钮，在弹出的"图形另存为"对话框中选择好要保存的位置，然后设置文件名为"书架"，如图 7.20 所示，单击"保存"按钮，将平面图进行保存。

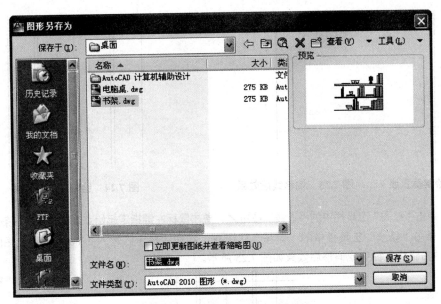

图 7.20 "图形另存为"对话框

7.1.3 绘制背景墙立面图

本案例为一个背景墙立面图的绘制,通过绘图工具和修改工具绘制图形。

1. 建立立面图区域

(1) 在工具栏中单击"新建"按钮![],在弹出的"选择样板"对话框中选择模板样式。

(2) 选择"格式"→"单位"命令,在弹出的"图形单位"对话框中设置其长度、角度和缩放单位,单击"确定"按钮完成,如图 7.1 所示。

(3) 选择"格式"→"图形界线"命令,在命令提示区中输入 0, 0✓。

(4) 在命令提示区中输入 @2500, 3000✓。

(5) 在命令提示区中输入 Z✓,再次输入 A✓。

2. 绘制辅助线

(1) 单击"图层"工具栏中的"图层特性管理器"按钮![],在"图层特性管理器"对话框中单击"新建图层"按钮![],并将其命名为"辅助线"层,其颜色选取"红色",其他设置为默认。设置辅助线为当前图层,如图 7.21 所示。

图 7.21 设置辅助线图层

(2) 单击状态栏中的"正交"按钮![],打开正交模式。单击"绘图"工具栏中的"直线"按钮![]。

(3) 单击鼠标左键指定起始点,向下绘制第一条垂直辅助线,如图 7.22 所示。

(4) 单击"修改"工具栏中的"偏移"按钮![],在命令提示区输入 675✓,在绘图区域选择直线,单击鼠标左键完成偏移后效果如图 7.23 所示。

(5) 使用偏移命令依次偏移出 88、800、800、88、600,完成纵向辅助线,如图 7.24 所示。

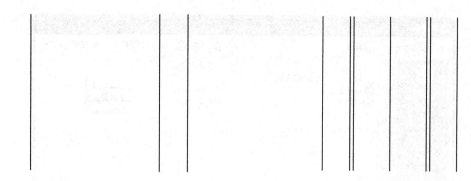

图 7.22　绘制垂直线　　　图 7.23　偏移线段效果　　　图 7.24　绘制纵向辅助线

（6）单击"绘图"工具栏中的"直线"按钮，单击鼠标左键指定起始点，向右绘制一条水平线。

（7）单击"修改"工具栏中的"偏移"按钮，在命令提示区输入 2700，在绘图区域选择水平线，单击鼠标左键完成偏移后效果如图 7.25 所示。

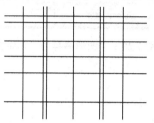

图 7.25　绘制横向辅助线

3. 绘制立面图

（1）单击"图层"工具栏中的"图层特性管理器"按钮，在"图层特性管理器"对话框中单击"新建图层"按钮，并将其命名为"背景墙立面图"层，其颜色选取"黑色"，其他设置为默认。设置背景墙为当前图层，如图 7.26 所示。

图 7.26　设置背景墙立面图图层

（2）单击"绘图"工具栏中的"矩形"按钮，借助辅助线绘制出矩形作为背景墙轮廓，效果如图 7.27 所示。

（3）单击"绘图"工具栏中的"直线"按钮，绘制出背景墙区域图，并将辅助线隐藏，如图 7.28 所示。

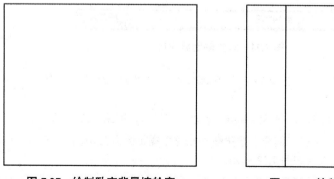

图 7.27　绘制卧室背景墙轮廓 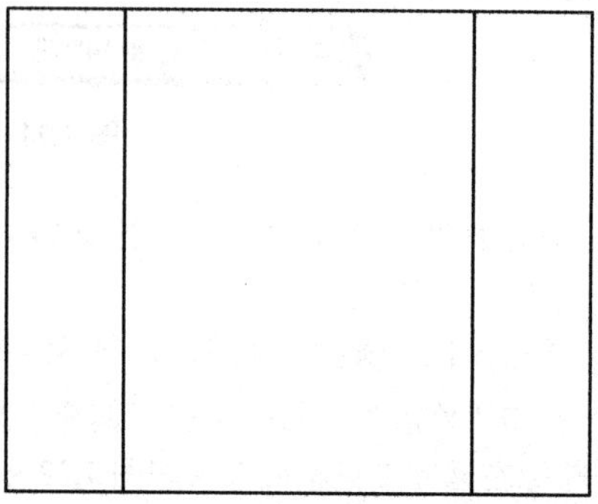　　　图 7.28　绘制卧室背景墙区域

(4）单击"绘图"工具栏中的"矩形"按钮▭，绘制出矩形作为背景墙造型，效果如图7.29所示。

(5）单击"修改"工具栏中的"圆角"按钮⌐，在命令提示区中输入R↵，20↵，分别单击背景墙中线段，将其进行圆角效果，圆角完成后并复制一个圆角矩形，效果如图7.30所示。

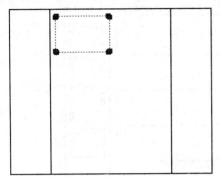
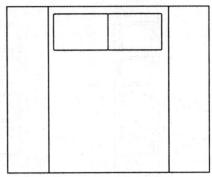

图 7.29　绘制卧室背景墙造型　　　　图 7.30　圆角完成后效果

(6）单击"修改"工具栏中的"复制"按钮❀，在命令提示区中输入M↵，分别进行复制背景墙中的造型，效果如图7.31所示，完成后效果如图7.32所示。

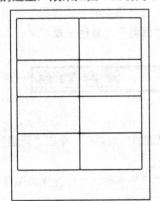
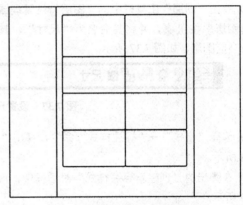

图 7.31　复制背景墙中的造型　　　　图 7.32　复制造型完成后效果

(7）单击"绘图"工具栏中的"矩形"按钮▭，在绘图区域中单击鼠标左键指定起始点，在命令提示区中输入 @500，430↵，如图7.33所示。

(8）单击"修改"工具栏中的"偏移"按钮⊜，在命令提示区输入40↵，在绘图区域选择矩形，单击鼠标左键完成偏移后效果如图7.34所示。

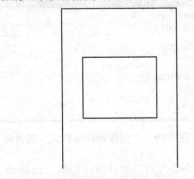
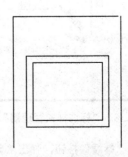

图 7.33　绘制矩形　　　　图 7.34　偏移矩形

（9）单击"修改"工具栏中的"复制"命令按钮，选择矩形及偏移后图形，向下调整到合适的位置并复制3个，复制完成后效果如图7.35所示。

（10）选择左侧复制好的图形，单击"修改"工具栏中的"镜像"按钮，在命令提示区中输入N，完成后镜像效果如图7.36所示。

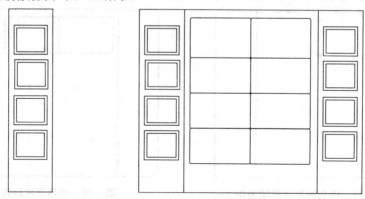

图7.35　向下复制图形　　　　　图7.36　镜像完成后效果

4．标注立面图尺寸

（1）单击"图层"工具栏中的"图层特性管理器"按钮，在"图层特性管理器"对话框中单击"新建图层"按钮，并将其命名为"尺寸"，其颜色选取"黑色"，其他设置为默认。设置尺寸图层为当前图层，如图7.37所示。

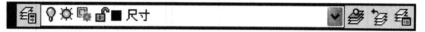

图7.37　设置尺寸图层

（2）选择"格式"→"标注样式"命令，弹出"标注样式管理器"对话框，单击"新建"按钮，如图7.38所示。

（3）在弹出的"创建新标注样式"对话框中，设置"新样式名"名称为"标注立面图尺寸"，如图7.39所示。

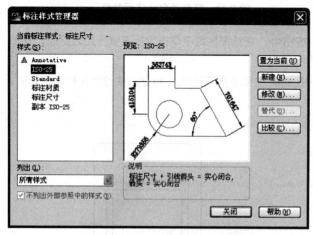

图7.38　"标注样式管理器"对话框　　　图7.39　"创建新标注样式"对话框

（4）单击"继续"按钮，弹出"新建标注样式：标注立面图尺寸"对话框，如图7.40所示。

7.1 室内设计立面图

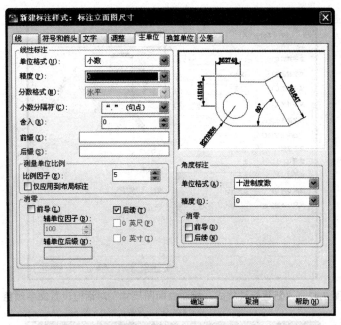

图 7.40 "新建标注样式：标注立面图尺寸"对话框

(5) 选择"符号和箭头"选项卡，在"箭头"区域设置"第一个""第二个"为 30 度角，"引线"设置为"小点"，如图 7.41 所示。

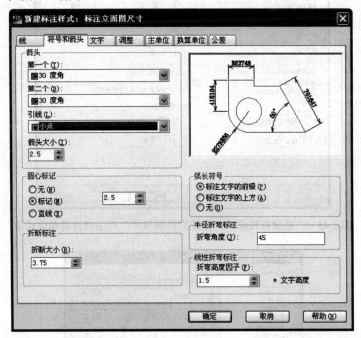

图 7.41 "新建标注样式：标注立面图尺寸"对话框设置符号和箭头

(6) 选择"文字"选项卡，设置文字颜色为黑色，如图 7.42 所示。
(7) 选择"主单位"选项卡，设置"单位格式"为"小数"，精度为"0"，如图 7.43 所示。
(8) 单击"确定"按钮，返回到"标注样式管理器"对话框，在"样式"栏出现"标注立面图尺寸"样式，单击"关闭"按钮，如图 7.44 所示。

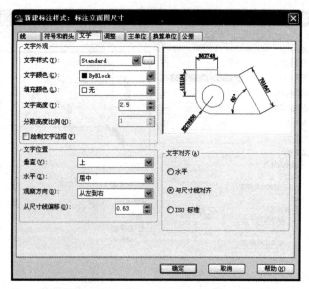

图 7.42 "新建标注样式：标注立面图尺寸"对话框设置文字颜色

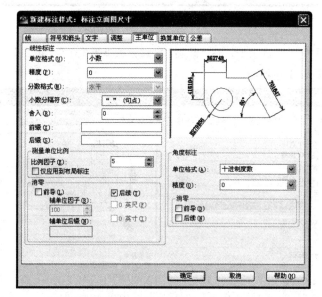

图 7.43 "新建标注样式：标注立面图尺寸"对话框设置单位精度

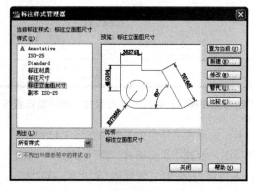

图 7.44 "标注样式管理器"对话框

(9) 选择"标注"→"线性"命令，在床头柜中单击鼠标左键指定起始点，标注抽屉尺寸。

(10) 选择"标注"→"连续"命令，在绘图区域指定第二个尺寸界线的起始点，然后分别标注背景墙的高度，如图7.45所示。

(11) 选择"标注"→"线性"命令，在绘图区域单击鼠标左键指定起始点，标注基本尺寸，如图7.46所示。

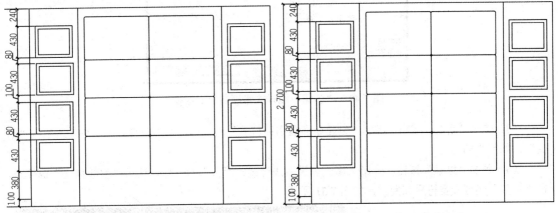

图7.45　分别标注背景墙的高度　　　　图7.46　标注基本尺寸

(12) 选择"标注"→"线性"命令，在绘图区域单击鼠标左键指定起始点，标注背景墙的长度尺寸，完成后效果如图7.47所示。

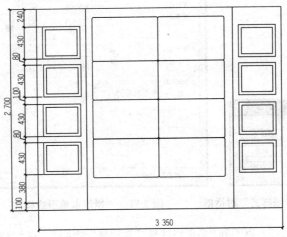

图7.47　标注背景墙的长度尺寸

5. 标注卧室材质

(1) 单击"图层"工具栏中的"图层特性管理器"按钮，在"图层特性管理器"对话框中单击"新建图层"按钮，并将其命名为"材质"，其颜色选取"黑色"，其他设置为默认。设置材质图层为当前图层，如图7.48所示。

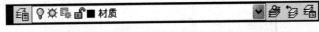

图7.48　设置材质图层

(2) 选择"格式"→"多重引线样式"命令，弹出"多重引线样式管理器"对话框，如图7.49所示。

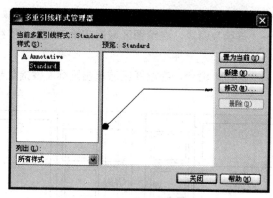

图 7.49 "多重引线样式管理器"对话框

(3)单击"新建"按钮,弹出"创建新多重引线样式"对话框,在"新样式名"栏输入名称"箭头",如图 7.50 所示。

(4)单击"继续"按钮,弹出"修改多重引线样式:箭头"对话框,选择"引线格式"选项卡,在"箭头"区域设置符号和大小,如图 7.51 所示。

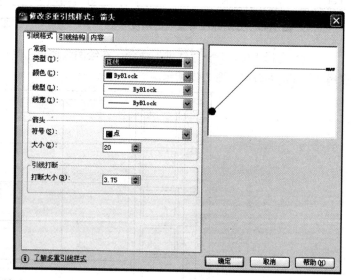

图 7.50 "创建新多重引线样式"对话框　　图 7.51 "修改多重引线样式:箭头"对话框

(5)单击"确定"按钮,返回到"多重引线样式管理器"对话框,在"样式"栏出现"箭头"样式,如图 7.52 所示,单击"关闭"按钮。

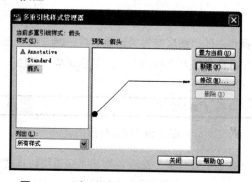

图 7.52 "多重引线样式管理器"对话框

（6）选择"标注"→"多重引线"命令，在绘图区域指定标注的起始点，在弹出的"文字样式"对话框中输入文字及设置字体大小。单击"确定"按钮，完成文字标注效果如图7.53所示。

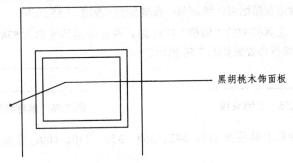

图 7.53　标注文字效果

（7）用同样的方法标注其他材质，标注完成后效果如图7.54所示。

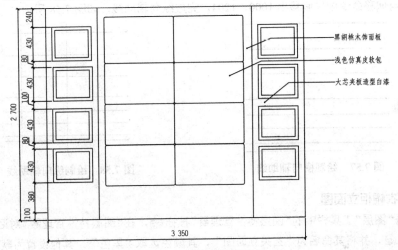

图 7.54　标注完成后效果

7.1.4　绘制衣帽柜立面图

本案例为一个立面图的绘制，通过绘图工具和修改工具绘制图形。

1. 建立衣帽柜区域

（1）在工具栏中单击"新建"按钮，在弹出的"选择样板"对话框中选择模板样式。

（2）选择"格式"→"单位"命令，在弹出的"图形单位"对话框中设置其长度、角度和缩放单位，如图7.1所示，单击"确定"按钮完成。

（3）选择"格式"→"图形界线"命令，在命令提示区中输入0，0↙。

（4）在命令提示区中输入@2500，3000↙。

（5）在命令提示区中输入Z↙，再次输入A↙。

2. 绘制衣帽柜辅助线

（1）单击"图层"工具栏中的"图层特性管理器"按钮，在"图层特性管理器"对话框中单击"新建图层"按钮，并将其命名为"辅助线"，其颜色选取"红色"，其他设置为默认。单击

"置为当前"按钮，将该图层设为当前图层。

(2) 单击状态栏中的"正交"按钮，打开正交模式。单击"绘图"工具栏中的"直线"按钮。

(3) 单击鼠标左键指定起始点，绘制第一条辅助线，如图7.55所示。

(4) 单击"修改"工具栏中的"偏移"按钮，在命令提示区输入578，在绘图区域选择直线，单击鼠标左键完成偏移后效果如图7.56所示。

图7.55 绘制直线

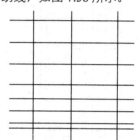

图7.56 偏移线段效果

(5) 使用偏移命令依次偏移出559、542、360、330、330、100，完成横向辅助线，如图7.57所示。

(6) 单击"绘图"工具栏中的"直线"按钮，单击鼠标左键指定起始点，向下绘制一条直线。

(7) 使用偏移命令依次偏移出1000、1204，完成纵向辅助线，如图7.58所示。

图7.57 绘制横向辅助线

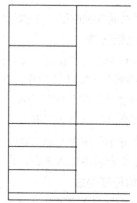

图7.58 绘制纵向辅助线

3. 绘制衣帽柜立面图

(1) 单击"图层"工具栏中的"图层特性管理器"按钮，在"图层特性管理器"对话框中单击"新建图层"按钮，并将其命名为"玄关立面图"，其颜色选取"黑色"，其他设置为默认。单击"置为当前"按钮，将该图层设为当前图层。

(2) 单击"绘图"工具栏中的"直线"按钮，在绘图区域中指定起始点，向左移动鼠标并输入2400，向下移动鼠标并输入2800，向右移动鼠标并输入2400，绘制墙边线段如图7.59所示。

(3) 单击"绘图"工具栏中的"直线"按钮，借助辅助线绘制出玄关柜子框架轮廓，并将辅助线隐藏，如图7.60所示。

图7.59 绘制墙体

图7.60 绘制玄关轮廓

(4) 单击"修改"工具栏中的"偏移"按钮，偏移出墙体的内部图形，偏移完成后效果如图 7.61 所示。

(5) 单击"修改"工具栏中的"阵列"按钮，在弹出的"阵列"对话框中选择"矩形阵列"，设置列数为 10，列偏移为 88，如图 7.62 所示。

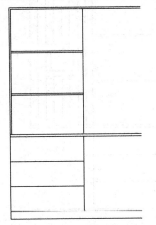
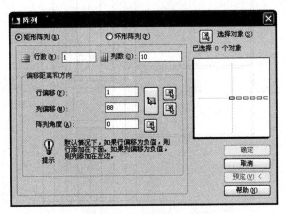

图 7.61　偏移完成后效果　　　　　　　　图 7.62　"阵列"对话框

(6) 单击"选择对象"按钮，在绘图区域选择如图 7.63 所示的线段，单击鼠标右键再次返回到"阵列"对话框，单击"确定"按钮，阵列完成后效果如图 7.64 所示。

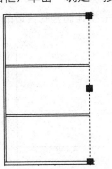
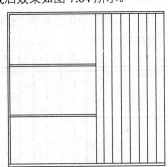

图 7.63　选择线段　　　　　　　　　　图 7.64　阵列完成后效果

(7) 单击"绘图"工具栏中的"矩形"按钮，在阵列后的图形中单击鼠标左键指定起始点，在命令提示区中输入 @400,-386，如图 7.65 所示。

(8) 选择矩形和相交的直线，单击"修改"工具栏中的"修剪"按钮，在绘图区域单击相交的线段，修剪完成后效果如图 7.66 所示。

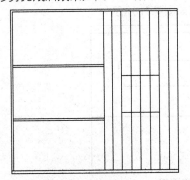
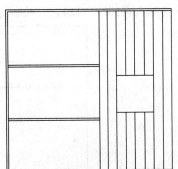

图 7.65　绘制矩形　　　　　　　　　　图 7.66　修剪完成后效果

（9）单击"修改"工具栏中的"偏移"按钮，在命令提示区输入60↙，在绘图区域选择矩形，单击鼠标左键完成偏移后效果如图7.67所示。

（10）单击"绘图"工具栏中的"直线"按钮，绘制出柜子拐角图形，如图7.68所示。

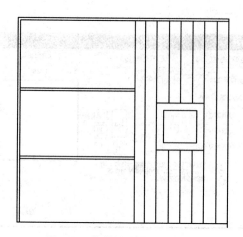
图7.67　偏移矩形效果

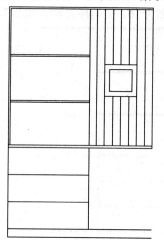
图7.68　绘制拐角图形

（11）单击"绘图"工具栏中的"矩形"按钮，在绘图区域中单击鼠标左键指定起始点，在命令提示区中输入@195,40↙，绘制出扶手图形，如图7.69所示。

（12）单击"修改"工具栏中的"复制"按钮，选择扶手将其调整到合适的位置并复制两个，完成后效果如图7.70所示。

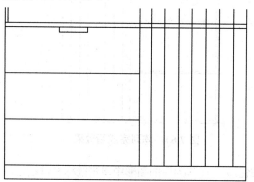
图7.69　绘制扶手

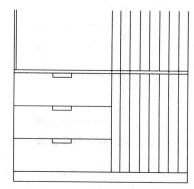
图7.70　复制矩形完成效果

（13）单击"绘图"工具栏中的"矩形"按钮，在绘图区域中单击鼠标左键指定起始点，在命令提示区中输入@800,-120↙，绘制出玻璃图形，如图7.71所示。

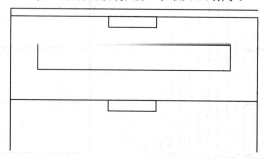
图7.71　绘制玻璃图形

7.1 室内设计立面图

（14）单击"修改"工具栏中的"偏移"按钮，在命令提示区输入10↙，在绘图区域选择矩形，单击鼠标左键完成偏移后效果如图7.72所示。

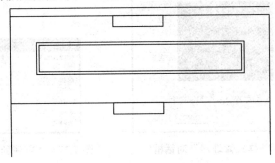

图7.72 偏移完成效果

（15）单击"修改"工具栏中的"复制"按钮，选择玻璃将其调整到合适的位置并复制两个，完成后效果如图7.73所示。

（16）单击"绘图"工具栏中的"插入块"按钮，在弹出的"插入"对话框中，单击"浏览"按钮，在弹出的"选择图形文件"对话框中，选择"画框.dwg"。单击"打开"按钮，将画框插入到柜子中并调整到合适的位置，如图7.74所示。

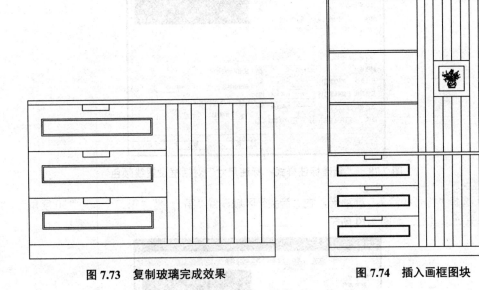

图7.73 复制玻璃完成效果　　　　图7.74 插入画框图块

3. 标注衣帽柜尺寸

（1）单击"图层"工具栏中的"图层特性管理器"按钮，在弹出的"图层特性管理器"对话框中单击"新建图层"按钮，并将其命名为"尺寸"，其颜色选取"黑色"，其他设置为默认。设置图层为当前图层，如图7.75所示。

图7.75 设置图层为当前图层

（2）选择"格式"→"标注样式"命令，弹出"标注样式管理器"对话框，单击"新建"按钮，如图7.76所示。

（3）在弹出的"创建新标注样式"对话框中，设置"新样式名"名称为"标注尺寸"，如图7.77所示。

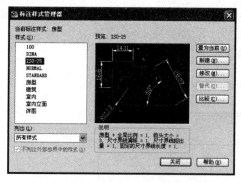
图 7.76 "标注样式管理器"对话框

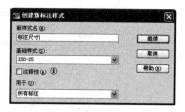
图 7.77 "创建新标注样式"对话框

(4) 单击"继续"按钮,弹出"新建标注样式:标注尺寸"对话框,选择"线"选项卡,设置颜色为白色,如图 7.78 所示。

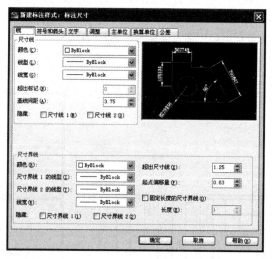
图 7.78 "新建标注样式:标注尺寸"对话框设置线颜色

(5) 选择"符号和箭头"选项卡,在"箭头"区域设置"第一个""第二个"为"30 度角","引线"设置为"小点",如图 7.79 所示。

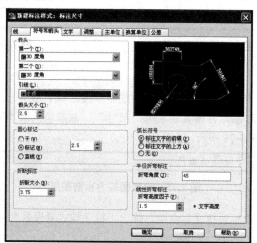
图 7.79 "新建标注样式:标注尺寸"对话框设置符号和箭头

(6) 选择"文字"选项卡,设置文字颜色为白色,如图 7.80 所示。

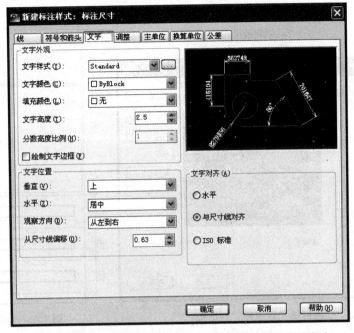

图 7.80 "新建标注样式:标注尺寸"对话框设置文字颜色

(7) 选择"主单位"选项卡,设置"单位格式"为"小数","精度"为"0",如图 7.81 所示。

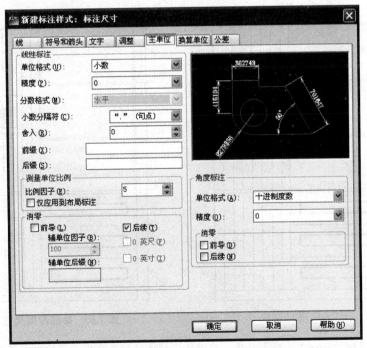

图 7.81 "新建标注样式:标注尺寸"对话框设置单位精度

(8) 单击"确定"按钮,返回到"标注样式管理器"对话框,在"样式"栏出现"标注尺寸"样式,单击"关闭"按钮,如图 7.82 所示。

（9）选择"标注"→"线性"命令，在床头柜中单击鼠标左键指定起始点，标注抽屉尺寸，如图 7.83 所示。

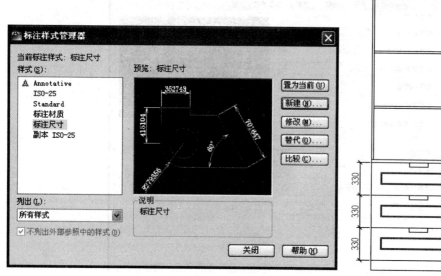

图 7.82　"标注样式管理器"对话框　　　　图 7.83　标注抽屉尺寸

（10）选择"标注"→"基线"命令，在绘图区域指定第二个尺寸界线的起始点，标注出衣帽柜的高度，如图 7.84 所示。

（11）选择"标注"→"线性"命令，在视图中单击鼠标左键指定起始点，标注厚度尺寸，如图 7.85 所示。

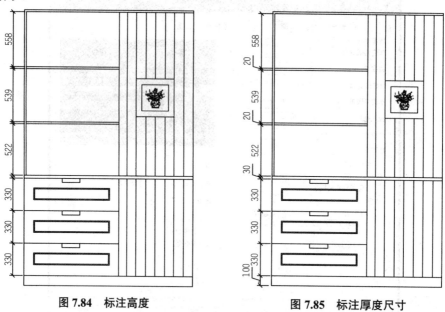

图 7.84　标注高度　　　　图 7.85　标注厚度尺寸

（12）选择"标注"→"连续"命令，在绘图区域指定第二个尺寸界线的起始点，然后分别标注其他尺寸，如图 7.86 所示。

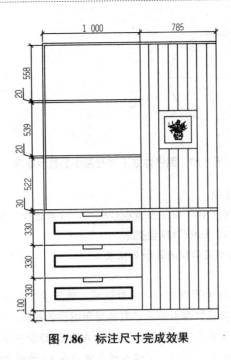

图 7.86 标注尺寸完成效果

※ 7.2 创建三维模型——归纳与提高

AutoCAD 2017 不仅提供了丰富的二维绘图功能,而且还提供了很强的三维造型功能。AutoCAD 2017 可以利用 3 种方式来创建三维图形,即线架模型方式、曲面模型方式和实体模型方式。线架模型方式为一种轮廓模型,它由三维的直线和曲线组成,没有面和体的特征。曲面模型用面描述三维对象,它不仅定义了三维对象的边界,而且还定义了表面,即具有面的特征。实体模型不仅具有线、面的特征,而且还具有体的特征,各实体对象之间可以执行各种布尔运算操作,从而创建出复杂的三维实体图形。

在 AutoCAD 2017 的三维坐标系下,可以使用直线、样条曲线和三维多段线命令绘制三维直线、三维样条曲线和三维多段线,也可以使用相应的曲面绘制命令绘制曲面、旋转曲面、直纹曲面和边界曲面等。

7.2.1 设置视点

视点是指观察图形的方向。如绘制圆锥体时,如果使用平面坐标系,即 Z 轴垂直于屏幕,此时仅能看到物体在 XY 平面上的投影。如果调整视点至当前坐标系的左上方则会看到一个三维物体,如图 7.87 所示。

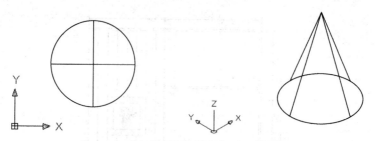

图 7.87　圆锥体在不同视图中的显示效果

1. VPOINT 命令设置视点

在 AutoCAD 中可以使用 VPOINT 命令设置观察视点，或者选择"视图"→"三维视图"→"视点"命令。执行 VPOINT 命令后 AutoCAD 会提示：

指定视点或 [旋转（R）] <显示指南针和三轴架>：

该提示中各个选项的含义如下：

"指定视点"：确定一点作为视点方向，为默认项。确定视点位置后，AutoCAD 将该点与坐标原点的连线方向作为观察方向并在屏幕上按照该方向显示图形的投影。

"旋转"：根据角度确定设定方向。执行该选项后 AutoCAD 会提示：

输入 XY 平面与 X 轴的夹角：　　　（输入视点方向在 XY 平面上的投影与 X 轴正方向的夹角）

输入与 XY 平面的夹角：　　　（输入视点方向与其在 XY 平面上投影之间的夹角）

"显示指南针和三轴架"：根据显示出的指南针和三轴架确定视点。执行该选项后 AutoCAD 会显示如图 7.89 所示的指南针和三轴架。

2. 对话框设置视点

选择"视图"→"三维视图"→"视点预设"命令，或者在命令提示行中输入"DDVPOINT"命令，在弹出的"视点预设"对话框中可以形象直观地设置视点，如图 7.88 所示。

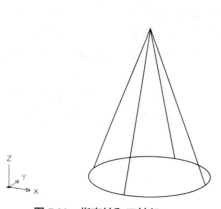

图 7.88　指南针和三轴架

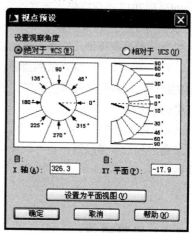

图 7.89　"视点预设"对话框

在"视角预设"对话框中，"绝对于 WCS"和"相对于 UCS"两个单选按钮分别用来确定是绝对于 WCS 还是相对于 UCS 设置视点。在对话框的图像框中，左图用于确定原点和视点之间的连线在 XY 平面上的投影与 X 轴正方向的夹角，右图用于确定该连线与投影线之间的夹角，在希望设置的角度位置处单击即可。另外，也可以在"自 X 轴"和"自 XY 平面"文本框中输入相应的角度。"设置为平面视图"按钮用于设置对应的平面视图。确定视点后，单击"确定"按钮，AutoCAD 会按照该视点显示图形。

3. 设置特殊视点

选择"视图"→"三维视图"菜单命令中位于第 2、3 栏中的各项命令，可以快速地确定一些特殊的视点，如"仰视""俯视""左视""西南等轴测""东南等轴测"以及"东北等轴测"等，如图 7.90 所示。

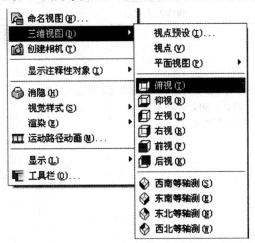

图 7.90 "三维视图"子菜单

4. 设置特殊视点

当绘制出最终的效果图形后，还可以使用三维动态观察来观察绘制的图形是否符合要求。

选择"视图"→"动态观察"→"自由动态观察"命令，即可以通过单击并拖动鼠标的方式在三维空间动态地观察对象，如图 7.91 所示。

动态观察菜单命令中包含"受约束的动态观察""自由动态观察"和"连续动态观察"三种选项，如图 7.92 所示。

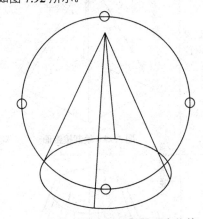

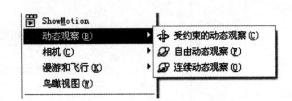

图 7.91 使用三维动态观察器观察物体　　　　图 7.92 "动态观察"子菜单

7.2.2 创建 3D 模型

1. 绘制基本曲面

空间物体都是由三维面围成的，三维面可能是平面或曲面。可以画出物体的表面来反映物体的形状，此种模型是3D表面模型。面模型是一种很重要的模型，在AutoCAD中提供了长方体、楔体、棱锥体和球体等基本立方体表面以及常见的曲面命令，绘制曲面使用方法见表7.1。

表 7.1 绘制曲面使用方法

名称	输入	操作方法	绘制效果
绘制长方体表面	ai_box	在绘图区域中指定起始点，在命令提示区输入数值120↙，150↙，80↙，再次输入↙，完成长方体表面效果，如图7.93所示	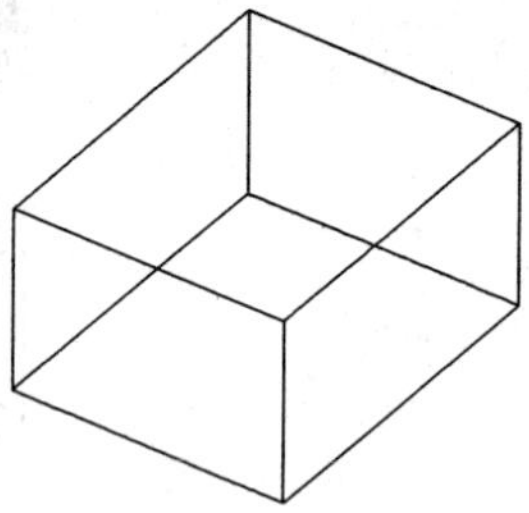 图7.93 绘制长方体表面
绘制楔体表面	ai_wedge	在绘图区域中指定起始点，在命令提示区输入数值80↙，80↙，100↙，再次输入↙，完成楔体表面效果，如图7.94所示	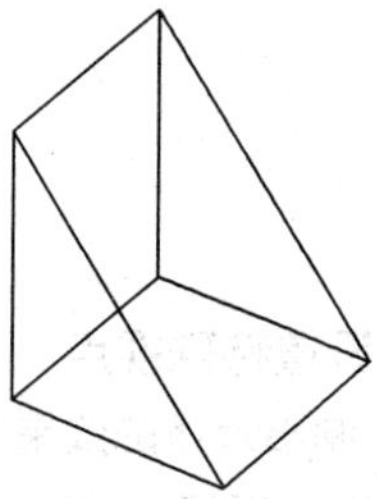 图7.94 绘制楔体表面
绘制棱锥面	ai_pyramid	在绘图区域指定棱锥底面的第一角点位置，指定棱锥底面的第二角点位置，指定棱锥底面的第三角点位置，指定棱锥底面的第四角点位置，指定棱锥面的顶点位置，完成棱锥面效果，如图7.95所示	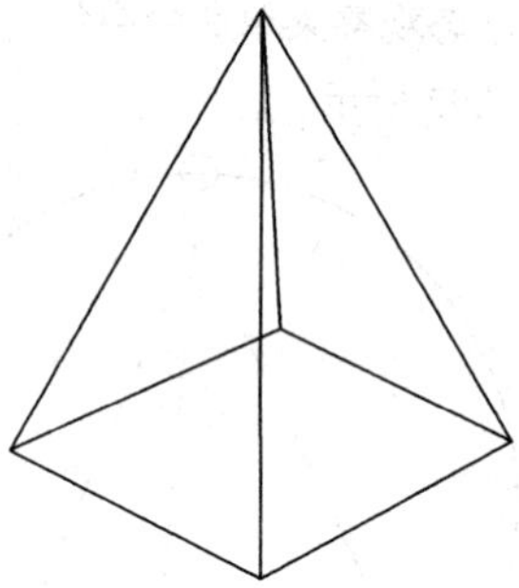 图7.95 绘制棱锥面
绘制圆锥面	ai_cone	在绘图区域中指定圆锥的中心点，在命令提示区输入数值80↙，40↙，120↙，再次输入↙，完成圆锥面效果，如图7.96所示	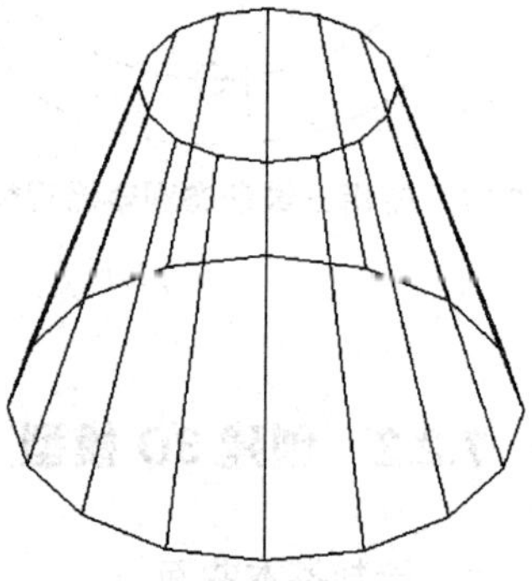 图7.96 绘制圆锥面

续表

名称	输入	操作方法	绘制效果
绘制球面	ai_sphere	在绘图区域指定球面的中心点,在命令提示区输入 50↙,16↙,16↙,完成球面效果,如图 7.97 所示	图 7.97 绘制球面
绘制上半球	ai_dome	在绘图区域指定上半球面的中心点,在命令提示区输入 50↙,16↙,8↙,完成上半球面效果,如图 7.98 所示	图 7.98 绘制上半球
绘制下半球	ai_dish	在绘图区域指定下半球面的中心点,在命令提示区输入 50↙,16↙,8↙,完成下半球面效果,如图 7.99 所示	图 7.99 绘制下半球
绘制圆环面	ai_torus	在绘图区域指定圆环面的中心点,在命令提示区输入 400↙,100↙,16↙,16↙,完成圆环效果,如图 7.100 所示	图 7.100 绘制圆环面

2. 绘制三维面

在"绘图"→"建模"→"网格"菜单命令中包含了"图元""平滑网格""三维面""旋转网格""平移网格""直纹网格""边界网格"7 个命令,如图 7.101 所示。网格命令使用方法见表 7.2。

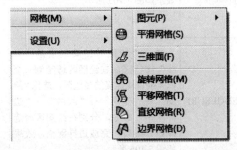

图 7.101 三维面命令

表 7.2 网格命令使用方法

名称	操作方法	输入	操作方法	绘制效果
绘制三维面	选择"绘图"→"建模"→"网格"→"三维面"命令	3DFACE	在绘图区域中指定第一个点，向右下角移动确定第二个点，向右移动确定第三个点，向上移动确定第四个点，完成三维面，效果如图 7.102 所示	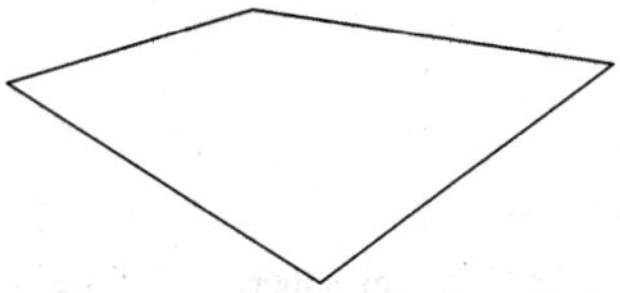 图 7.102 绘制三维面
绘制旋转网格	选择"绘图"→"建模"→"网格"→"旋转网格"命令	REVSURF	使用"样条曲线"按钮和"直线"按钮，在绘图区域绘制一条垂直线和酒杯轮廓，选择"绘图"→"建模"→"网格"→"旋转网格"命令，在绘图区域选择酒杯轮廓，再选择直线，在命令提示行中输入两次回车，完成旋转网格，效果如图 7.103 所示	 图 7.103 绘制旋转网格
绘制平移网格	选择"绘图"→"建模"→"网格"→"平移网格"命令	TABSURF	单击"绘图"工具栏中的"直线"按钮，在绘图区域绘制一个工字形状，选择"绘图"→"建模"→"网格"→"平移网格"命令，在绘图区域选择图形，然后选择直线，完成平移网格，效果如图 7.104 所示	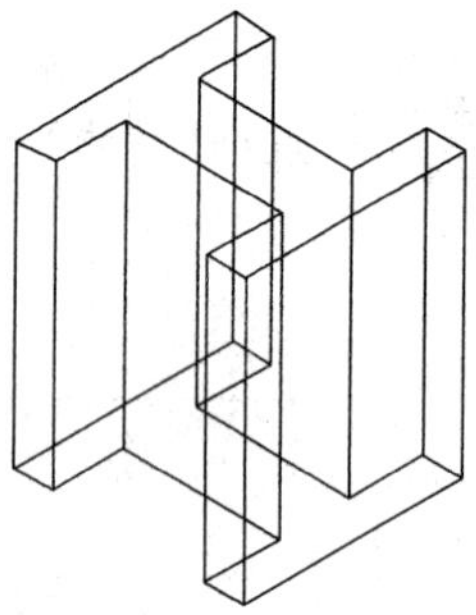 图 7.104 绘制平移网格
绘制直纹网格	选择"绘图"→"建模"→"网格"→"直纹网格"命令	RULESURF	单击"绘图"工具栏中的"圆"按钮，在绘图区域绘制 2 个大小不同的圆形，选择"绘图"→"建模"→"网格"→"直纹网格"命令，在绘图区域选择一个圆形，然后再选择第二个圆形，完成直纹网格，效果如图 7.105 所示	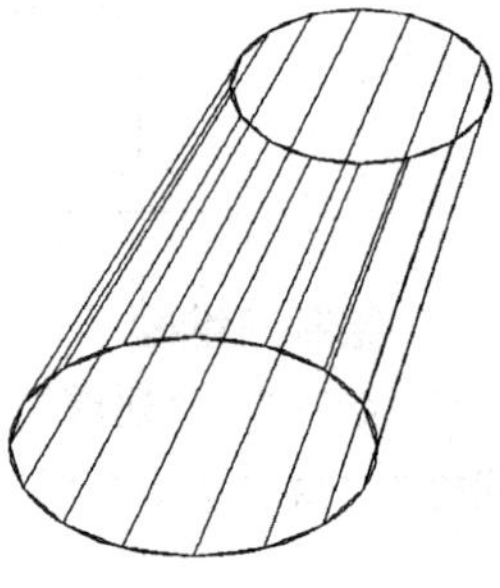 图 7.105 绘制直纹网格
绘制边界网格	选择"绘图"→"建模"→"网格"→"边界网格"命令	EDGESURF	单击"绘图"工具栏中的"直线"按钮，在绘图区域绘制一个以 4 条首尾连接的多边形，选择"绘图"→"建模"→"网格"→"边界网格"命令，分别在绘图区域选择边界线条，完成边界网格，效果如图 7.106 所示	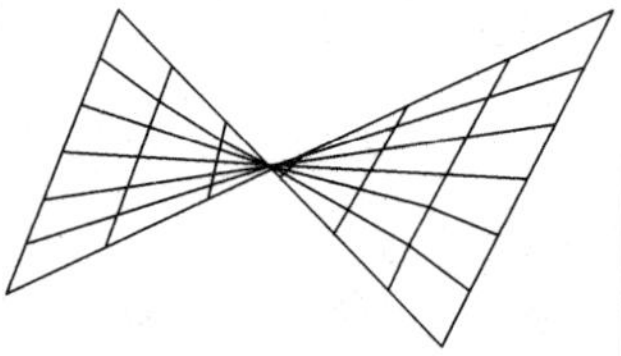 图 7.106 绘制边界网格

3. 绘制三维实体

在 AutoCAD 中，选择"绘图"→"建模"菜单中的子菜单，可以绘制出三维实体。三维实体是具有质量、体积和重心等特征的三维对象。如图 7.107 所示，在 AutoCAD 中可以直接使用系统提供的命令创建长方体、球体和圆锥体等实体，还可以通过旋转和拉伸二维对象，对实体进行并集、交集和差集等布尔运算创建出更为复杂的实体。

三维实体是三维图形中最重要的部分，它具有实体的特征，即其内部是空心的，可以对三维实体进行打孔、挖槽等布尔运算，从而形成具有实用意义的物体。

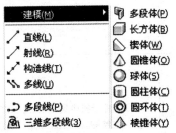

图 7.107 三维实体命令

在实际的三维绘图工作中，三维实体是最常见的，可以绘制出各种形式的基本实体，如长方体、楔体、球体、圆柱体、圆环体、圆锥体等。绘制三维实体使用方法见表 7.3。

表 7.3 绘制三维实体使用方法

名称	操作方法	输入	操作步骤	绘制效果
绘制多段体	选择"绘图"→"建模"→"多段体"命令	POLYSOLID	在绘图区域中指定起始点，向右移动确定第二个点，向下移动确定第三个点，向右移动确定第四个点，完成多段体，效果如图 7.108 所示	图 7.108 绘制多段体
绘制长方体	选择"绘图"→"建模"→"长方体"命令	BOX	在绘图区域制定起始点，绘制出长方形长度及宽度，然后向上移动确定长方体高度，完成长方体，效果如图 7.109 所示	图 7.109 绘制长方体
绘制楔体	选择"绘图"→"建模"→"楔体"命令	WEDGE	在绘图区域制定起始点，绘制出楔体底面长度及宽度，然后向上移动确定楔体高度，完成楔体，效果如图 7.110 所示	图 7.110 绘制楔体

续表

名称	操作方法	输入	操作步骤	绘制效果
绘制圆锥体	选择"绘图"→"建模"→"圆锥体"命令	CONE	在绘图区域制定起始点，绘制出圆锥底面圆形，然后向上移动确定圆锥高度，完成圆锥体，效果如图7.111所示	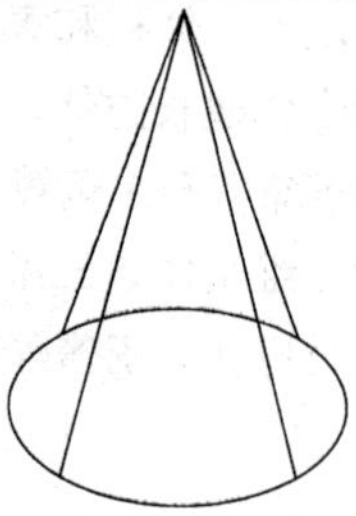 图7.111 绘制圆锥体
绘制球体	选择"绘图"→"建模"→"球体"命令	SPHERE	在命令提示行中输入ISOLINES↙，20↙，在绘图区制定起始点，确定圆的直径，完成球体，效果如图7.112所示	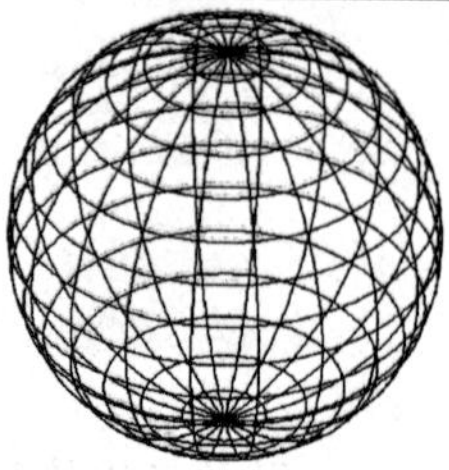 图7.112 绘制球体
绘制圆柱体	选择"绘图"→"建模"→"球柱体"命令	CYLINDER	在绘图区域制定起始点，绘制出圆柱底面圆形，然后向上移动确定圆柱高度，完成圆柱体，效果如图7.113所示	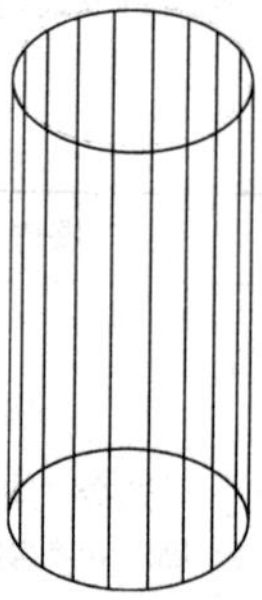 图7.113 绘制圆柱体
绘制圆环体	选择"绘图"→"建模"→"圆环体"命令	TORUS	在绘图区域指定圆环的起始点，绘制出圆环的外直径，然后向内确定圆环的内直径，完成圆环，效果如图7.114所示	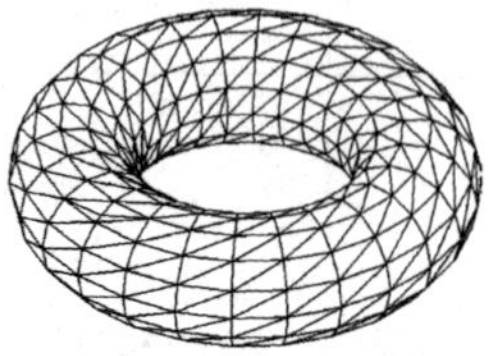 图7.114 绘制圆环体
绘制棱锥体	选择"绘图"→"建模"→"棱锥体"命令	PYRAMID	在绘图区域制定起始点，绘制出棱锥底面方形，然后向上移动确定棱锥体高度，完成棱锥体，效果如图7.115所示	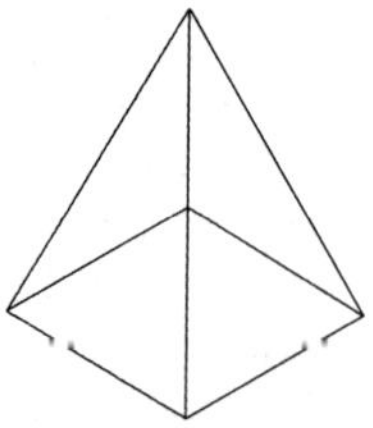 图7.115 绘制棱锥体

4. 布尔运算

在AutoCAD 2017中的布尔运算指的是实体间通过何种逻辑方式进行组合。布尔运算包含"并集运算""差集运算"和"交集运算"。

（1）并集运算。并集运算是指将多个实体组合成一个实体。选择"修改"→"实体编辑"→"并集"命令，或者在命令提示行中输入"UNION"命令，完成并集运算。并集运算的使用步骤如下：

①使用长方体和球体绘制两个相交的图形，如图7.116所示。

②选择"修改"→"实体编辑"→"并集"命令，在绘图区域选择长方体，再选择球体，如图7.117所示。

③在命令提示行中输入"↙"，完成并集运算效果，如图7.118所示。

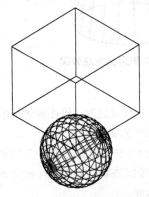 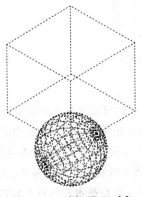 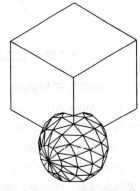

图7.116 绘制长方体和球体　　图7.117 选择图形对象　　图7.118 并集运算完成效果

（2）差集运算。差集运算是指从一些实体中减去另一些实体，从而得到一个新的实体。选择"修改"→"实体编辑"→"差集"命令，或者在命令提示行中输入"SUBTRACT"命令，完成差集运算。差集运算的使用步骤如下：

①使用长方体和球柱体绘制两个相交的图形，如图7.119所示。

②选择"修改"→"实体编辑"→"差集"命令，在绘图区域选择长方体，输入"↙"。

③在绘图区域选择圆柱体，输入"↙"，完成差集运算，效果如图7.120所示。

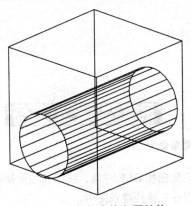 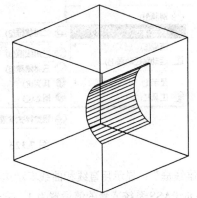

图7.119 绘制长方体和圆柱体　　图7.120 差集运算完成效果

（3）交集运算。交集运算是通过各个实体的公共部分绘制新实体。选择"修改"→"实体编辑"→"交集"菜单命令，或者在命令提示行中输入"SUBTRACT"命令，完成交集运算。交集运算的使用步骤如下：

①使用圆柱体和圆锥体绘制两个相交的图形，如图7.121所示。

②选择"修改"→"实体编辑"→"交集"命令，在绘图区域选择圆柱体，然后再选择圆锥体。

③在命令提示行中输入"↙"，完成交集运算，效果如图7.122所示。

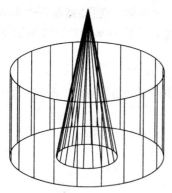 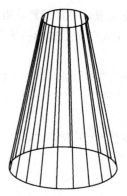

图 7.121　创建圆柱体和圆锥体　　　　图 7.122　交集运算完成效果

5. 视觉样式与渲染

利用 AutoCAD 可以对三维对象以视觉样式或者渲染的方式显示。视觉样式是对三维图形进行阴影处理，渲染可以使三维对象的表面显示出明暗色彩和光影效果，从而形成逼真的图像。

创建或者编辑图形后，在查看或打印图形时，复杂的图形往往会显得十分混乱，以至于无法表达正确的信息。而着色则可以生成更真实的模型图像。着色命令提示选项以查看和编辑用线框或着色表示的对象。"视觉样式"选项使用来自观察者左后方上面的固定环境光。

创建真实的三维图像可以帮助设计者看到最终的设计，这样要比线框表示清楚得多，而视觉样式和渲染可以增强图像的真实感。在各类图像中，视觉样式可消除隐藏线并为可见平面指定颜色，渲染则添加和调整光源并为图像表面附着上材质以产生真实的效果。

（1）视觉样式。视觉样式是对三维图形进行阴影处理，以生成更加逼真的图像。通过"视图"→"视觉样式"菜单中对应的子菜单和"视觉样式"工具栏，可以执行 AutoCAD 2017 的绘制实体操作。

视觉样式菜单命令中的各个菜单项以及对应的工具栏按钮如图 7.123 所示。

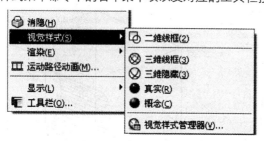 

图 7.123　视觉样式菜单命令

"二维线框"：显示用直线和曲线表示边界的对象。光栅和 OLE 对象、线型和线宽都是可见的。即使将 COMPASS 系统变量的值设置为 1，它也不会出现在二维线框视图中。

"三维框线"：显示用直线和曲线表示边界的对象。显示一个已着色的三维 UCS 图标。可以将 COMPASS 系统变量设置为 1 来查看坐标球。

"三维隐藏"：显示用三维线框表示的对象并隐藏表示后向面的直线。

"真实"：着色多边形平面间的对象，并使对象的边平滑化。将显示已附着到对象的材质。

"概念"：着色多边形平面间的对象，并使对象的边平滑化。着色使用冷色和暖色之间的过渡。效果缺乏真实感，但是可以更方便地查看模型的细节。

选择"视图"→"视觉样式"→"真实"命令以显示实体图形。

(2) 渲染。使用渲染的方式有以下 3 种方法:
① 选择"视图"→"渲染"→渲染命令。
② 在命令提示行中输入"RENDER"。
③ 单击工具栏中"渲染"→"渲染"按钮 。

习 题

1. 思考题
   (1) 室内设计立面图的原则有哪些?
   (2) 绘制立面图的步骤是怎样的?
2. 上机题
   使用"直线"命令、"样条曲线"命令同时配合"复制"命令和"镜像"命令,绘制居室立面图并标注尺寸及材质,绘制完成后效果如图 7.124 所示。

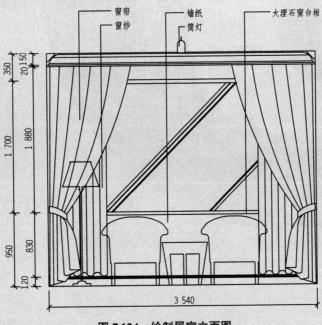

图 7.124 绘制居室立面图

学习情境 8
室内设计基础项目训练

室内设计基础在装修设计中是至关重要的,本学习情境讲解室内设计基础项目训练,AutoCAD 制作平面图,宾馆房型设计方案,办公区域房型设计方案,住宅空间设计方案和酒店套房设计方案的全过程,并详细介绍室内设计一些基础知识,有助于今后实际设计的需要。

本学习情境主要解决的问题:
1. 什么是空间序列的全过程?
2. 不同类型建筑对序列的要求有哪些?
3. 掌握空间序列的设计手法。

※ 8.1 绘制宾馆房型平面图

本节通过案例,讲解宾馆客房处理使用的方法,使读者了解宾馆客房处理的综合应用技巧;通过案例作品演示,掌握宾馆客房制作全过程的使用技巧。

【操作实例 8.1】建立宾馆图纸绘图区域

(1)选择"格式"→"单位"命令,在弹出的"图形单位"对话框中,设置其长度、角度和缩放单位,单击"确定"按钮完成,如图 8.1 所示。

(2)选择"格式"→"图形界限"命令,在命令提示区中输入 0,0↙。

(3)在命令提示区中输入 @5000,8000↙。

(4)在命令提示区中输入 z↙,输入 a↙。

现在宾馆图纸的绘图区域就建立完成了,建好的区域是按照需要缩小的。接下来我们要根据宾馆的尺寸绘制宾馆平面图。

【操作实例 8.2】建立图层

(1)单击"图层"工具栏中的"图层特性管理器"按钮,弹出"图层特性管理器"对话框,如图 8.2 所示。

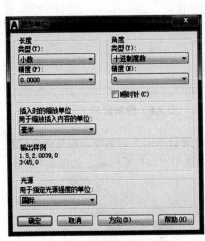

图 8.1 "图形单位"对话框

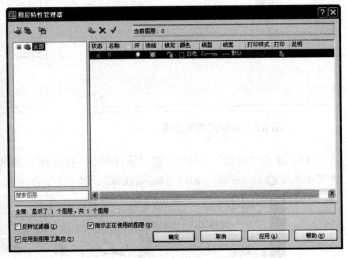

图 8.2 "图层特性管理器"对话框

(2)在"图层特性管理器"对话框中单击"新组过滤器"按钮,分别建立基本房型、尺寸标注、家具布局、地面规划 4 组图层,如图 8.3 所示。

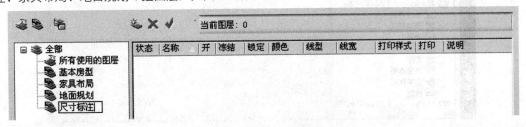

图 8.3 建立 4 组图层

【操作实例 8.3】绘制宾馆平面图

（1）在"图层特性管理器"对话框中选中"基本房型"组，单击"新建图层"按钮，并将其命名为"平面图"，其颜色选取"深红色"，其他设置为默认。单击"置为当前"按钮，将该图层设为当前图层，如图 8.4 所示。

图 8.4 设置"平面图"为当前图层

（2）选择"绘图"→"多线"命令，在命令提示区中输入 S。

（3）在命令提示区中输入外墙的宽度 240，内墙宽度 120。

（4）在绘图区域单击鼠标左键指定起始点，打开"正交"按钮，分别根据宾馆房型图外墙的尺寸在命令提示区中输入相应的尺寸，并配合"直线"命令完成如图 8.5 所示图形。

（5）单击"绘图"工具栏中的"直线"按钮，按下状态栏的"正交"按钮、"对象捕捉"按钮和"对象捕捉追踪"按钮，配合"阵列"命令绘制窗户，如图 8.6 所示。

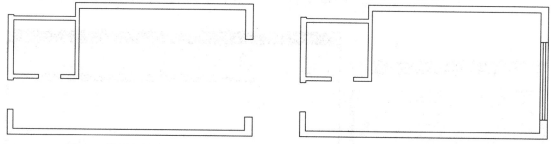

图 8.5 绘制宾馆房型图　　　　图 8.6 绘制窗户

（6）单击"标准"工具栏中的"设计中心"按钮，弹出"设计中心"对话框，在文件夹列表选项中选择 Blocks and Tables - Imperial.dwg，并在右边列表框中选中"块"图标，如图 8.7 所示。

图 8.7 "设计中心"对话框

（7）单击鼠标右键，在弹出的菜单中选择"创建工具选项板"命令，如图 8.8 所示。

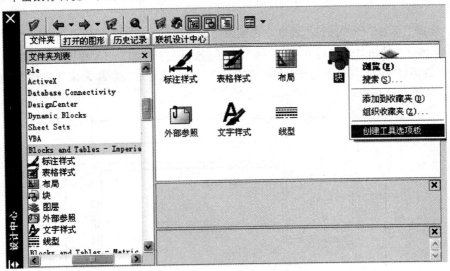

图 8.8 "创建工具选项板"命令

（8）在弹出的"工具选项板"对话框中单击 Door 图标，如图 8.9 所示，将 Door 标签移动到房型图中合适的位置，调整后的完成效果如图 8.10 所示。

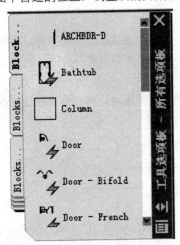

图 8.9 "工具选项板"对话框

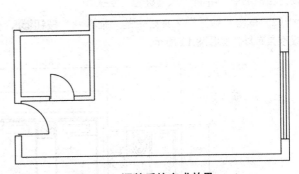

图 8.10 调整后的完成效果

【操作实例 8.4】标注宾馆尺寸

（1）在"图层特性管理器"对话框中选中"尺寸标注"组，单击"新建图层"按钮，并将其命名为"尺寸标注"，其颜色选取"蓝色"，其他设置为默认。单击"置为当前"按钮，将该图层设为当前图层，如图 8.11 所示。

图 8.11 设置"尺寸标注"为当前图层

（2）选择"格式"→"标注样式"命令，在弹出的"标注样式管理器"对话框中，设置其各项参数。

（3）选择"标注"→"线性"命令，在绘图区单击鼠标左键指定起始点，确认"正交"按钮、"对象捕捉"按钮和"对象捕捉追踪"按钮处于打开状态，分别根据房型图要标注的位置单击鼠标左键指定终点，并向下拖动得到相应的尺寸，并配合缩放功能将整个房型图进行尺寸标注，如图8.12所示。

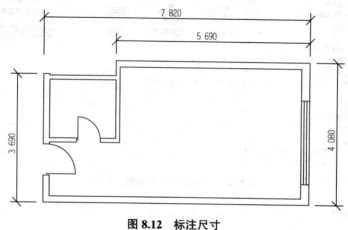

图 8.12　标注尺寸

【操作实例 8.5】宾馆家具布局

（1）在"图层特性管理器"对话框中选中"家具布局"组，单击"新建图层"按钮，并将其命名为"家具布局"，其颜色选取"绿色"，其他设置为默认。单击"置为当前"按钮，将该图层设为当前图层，并将"尺寸标注"层关闭。

（2）单击"绘图"工具栏中的"插入块"按钮，分别插入家具图块，并配合"移动"命令完成家具布局，如图8.13所示。

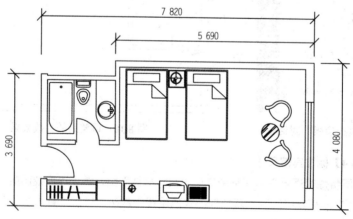

图 8.13　家具布局完成效果

【操作实例 8.6】宾馆地面规划

（1）在"图层特性管理器"对话框中选中"地面规划"组，单击"新建图层"按钮，并将其命名为"复合地板"，其颜色选取"蓝色"，其他设置为默认。单击"置为当前"按钮，将该图层设为当前图层，并将"家具布局"层关闭。

（2）单击"绘图"工具栏中的"图案填充"按钮，在"图案填充和渐变色"对话框中选择

"DOLMIT"图案,并设置其比例参数,如图8.14所示。

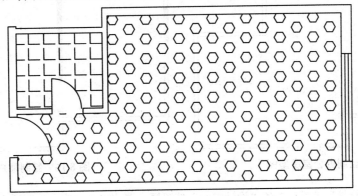

图8.14 地板规划完成效果

到此为止,宾馆平面房型图绘制及宾馆安排已经完成。

※ 8.2 绘制办公室房型平面图

【操作实例8.7】建立办公室图纸绘图区域
(1)选择"格式"→"单位"命令,在弹出的"图形单位"对话框中,设置其长度、角度和缩放单位,单击"确定"按钮完成。
(2)选择"格式"→"图形界限"命令,在命令提示区中输入0,0↙。
(3)在命令提示区中输入@5000,9000↙。
(4)在命令提示区中输入z↙,输入a↙。

现在办公室图纸的绘图区域就建立完成了,建好的区域是按照需要缩小的。接下来我们要根据办公室的尺寸绘制办公室平面图。

【操作实例8.8】建立图层
(1)单击"图层"工具栏中的"图层特性管理器"按钮,弹出"图层特性管理器"对话框。
(2)在"图层特性管理器"对话框中单击"新组过滤器"按钮,分别建立基本房型、家具布局、地面规划、尺寸标注4组图层,如图8.3所示。

【操作实例8.9】绘制办公室平面图
(1)在"图层特性管理器"对话框中选中"基本房型"组,单击"新建图层"按钮,并将其命名为"平面图",其颜色选取"深红色",其他设置为默认。单击"置为当前"按钮,将该图层设为当前图层,如图8.4所示。
(2)选择"绘图"→"多线"命令,在命令提示区中输入S↙。
(3)在命令提示区中输入外墙的宽度240↙。
(4)在绘图区域单击鼠标左键指定起始点,打开"正交"按钮,分别根据办公室房型图外墙的尺寸在命令提示区中输入相应的尺寸,并配合"直线"命令完成如图8.15所示图形。
(5)单击"绘图"工具栏中的"直线"按钮,按下状态栏的"正交"按钮、"对象捕捉"按钮和"对象捕捉追踪"按钮,配合"阵列"命令绘制窗户,如图8.16所示。

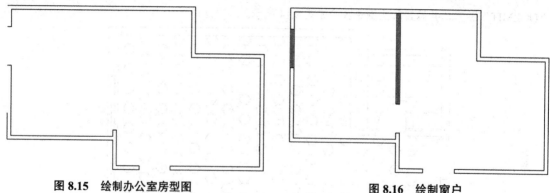

图 8.15　绘制办公室房型图　　　　　　　图 8.16　绘制窗户

（6）单击"标准"工具栏中的"设计中心"按钮，弹出"设计中心"对话框，在文件夹列表选项中选择 Blocks and Tables - Imperial.dwg，并在右边列表框中选中"块"图标。

（7）单击鼠标右键在弹出的菜单中选择"创建工具选项板"命令。

（8）在弹出的"工具选项板"对话框中单击 Door 图标，如图 8.9 所示，将 Door 标签移动到房型图中合适的位置，调整后的完成效果如图 8.17 所示。

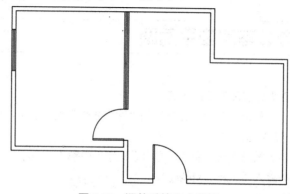

图 8.17　调整后的完成效果

【操作实例 8.10】标注办公室尺寸

（1）在"图层特性管理器"对话框中选中"尺寸标注"组，单击"新建图层"按钮，并将其命名为"尺寸标注"，其颜色选取"蓝色"，其他设置为默认。单击"置为当前"按钮，将该图层设为当前图层，如图 8.18 所示。

图 8.18　设置"尺寸标注"为当前图层

（2）选择"格式"→"标注样式"命令，在弹出的"标注样式管理器"对话框中，设置其各项参数。

（3）选择"标注"→"线性"命令，在绘图区域单击鼠标左键指定起始点，确认"正交"按钮、"对象捕捉"按钮和"对象捕捉追踪"按钮处于打开状态，分别根据房型图要标注的位置单击鼠标左键指定终点，并向下拖动得到相应的尺寸，并配合缩放功能将整个房型图进行标注尺寸，如图 8.19 所示。

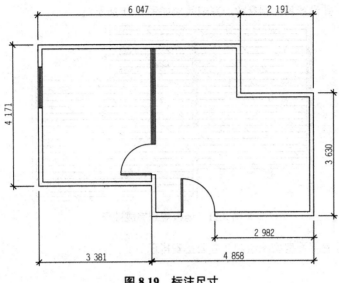

图 8.19　标注尺寸

【操作实例 8.11】办公室家具布局

（1）在"图层特性管理器"对话框中选中"家具布局"组，单击"新建图层"按钮，并将其命名为"家具布局"，其颜色选取"绿色"，其他设置为默认。单击"置为当前"按钮，将该图层设为当前图层，并将"尺寸标注"层关闭。

（2）单击"绘图"工具栏中的"插入块"按钮，分别插入家具图块，并配合"移动"命令完成家具布局，如图 8.20 所示。

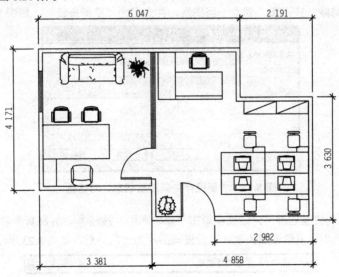

图 8.20　家具布局完成效果

【操作实例 8.12】办公室地面规划

（1）在"图层特性管理器"对话框中选中"地面规划"组，单击"新建图层"按钮，并将其命名为"复合地板"，其颜色选取"蓝色"，其他设置为默认。单击"置为当前"按钮，将该图层设为当前图层，并将"家具布局"层关闭。

（2）单击"绘图"工具栏中的"图案填充"按钮，在"图案填充和渐变色"对话框中选择

"DOLMIT"图案，并设置其比例参数，完成效果如图 8.21 所示。

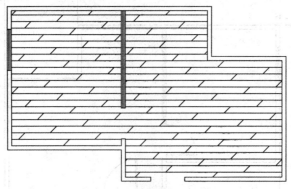

图 8.21 地板规划完成效果

到此为止，办公室平面房型图绘制及办公室安排已经完成。

※ 8.3 住宅空间平面布置图

【操作实例 8.13】住宅空间布置

（1）单击"图层"工具栏中的"图层特性管理器"按钮，在弹出的"图层特性管理器"对话框中单击"新组过滤器"按钮，建立一组图层，并命名为"空间布置"，如图 8.22 所示。

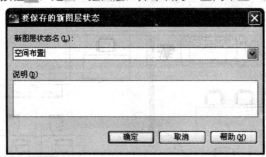

图 8.22 "要保存的新图层状态"对话框

（2）在"图层特性管理器"对话框中单击"新建图层"按钮，并将其命名为"客厅布局"，其颜色选取"深蓝色"，其他设置为默认。设置该图层为当前图层，如图 8.23 所示。

图 8.23 设置"客厅布局"为当前图层

（3）在"图层特性管理器"对话框中单击"尺寸标注"层，单击"开关"按钮，将"尺寸标注"层关闭。

（4）在"图层特性管理器"对话框中单击"文字标注"层，单击"开关"按钮，将"文字标注"层关闭。

（5）单击"绘图"工具栏中的"插入块"按钮，在弹出的"插入"对话框中，单击"浏览"按钮，如图 8.24 所示,在弹出的"选择图形文件"对话框中,选取要插入的沙发图形,如图 8.25 所示。

图 8.24 "插入"对话框

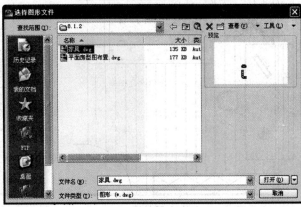

图 8.25 "选择图形文件"对话框

(6)将插入的沙发图形安置到客厅中,并根据自己的需要配合"移动"命令和"旋转"命令完成客厅布局,如图 8.26 所示。

(7)用同样的方法,插入"电视柜""植物"并调整位置,客厅布局效果如图 8.27 所示。

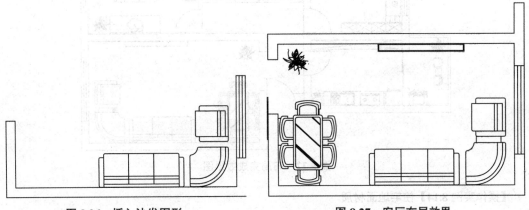

图 8.26 插入沙发图形　　　　　　　　图 8.27 客厅布局效果

(8)通过以上的方法,分别布置整个平面房型图,厨房布局效果如图 8.28 所示,卫生间布局效果如图 8.29 所示,卧室布局效果如图 8.30 和图 8.31 所示,整体布局效果如图 8.32 所示。

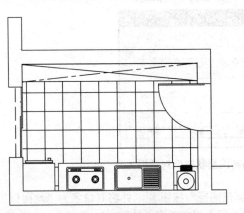
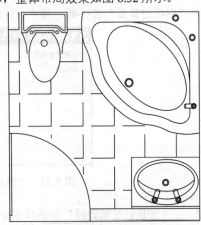

图 8.28 厨房布局效果　　　　　　　　图 8.29 卫生间布局效果

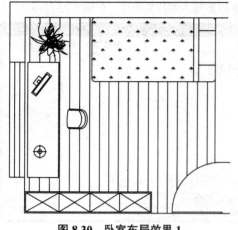
图 8.30 卧室布局效果 1

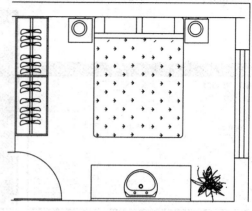
图 8.31 卧室布局效果 2

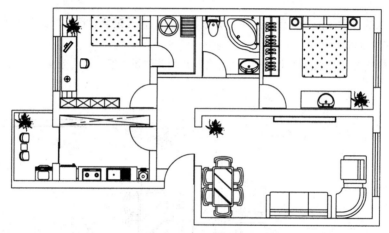
图 8.32 布局完成效果图

【操作实例 8.14】住宅地面材质

平面房型图布置完成后,我们开始绘制地面材质。将客厅、过道铺 800 mm×800 mm 米色防滑地砖,厨房、卫生间、阳台及储藏室铺 300 mm×300 mm 防滑地砖,卧室和书房铺木地板。

(1) 单击"图层"工具栏中的"图层特性管理器"按钮 ,在弹出的"图层特性管理器"对话框中单击"新组过滤器"按钮 ,建立一组图层,并命名为"地面材质",如图 8.33 所示。

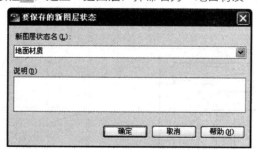
图 8.33 "要保存的新图层状态"对话框

(2) 在"图层特性管理器"对话框中单击"新建图层"按钮 ,并将其命名为"地面材质",其颜色选取"深红色",其他设置为默认。设置该图层为当前图层,如图 8.34 所示。

8.3 住宅空间平面布置图

图 8.34 设置"地面材质"为当前图层

（3）在"图层特性管理器"对话框中，单击"基本房型"层，单击"开关"按钮，将所有"基本房型"层关闭，只保留"平面图"层和"门窗"层，如图 8.35 和图 8.36 所示。

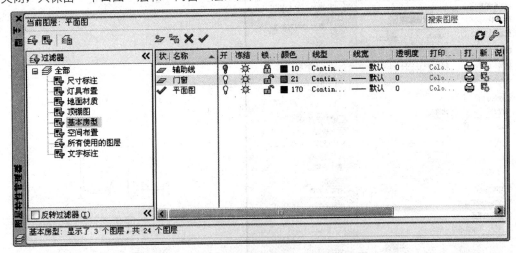

图 8.35 "图层特性管理器"对话框设置

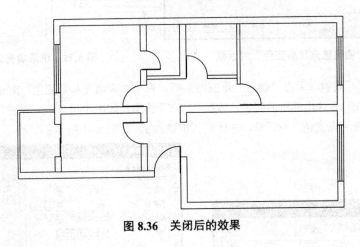

图 8.36 关闭后的效果

（4）单击"绘图"工具栏中的"直线"按钮，将平面图中过道及客厅区域绘制出来，如图 8.37 所示。

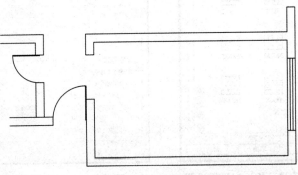

图 8.37 绘制区域

（5）单击"绘图"工具栏中的"图案填充"按钮，在弹出的"图案填充和渐变色"对话框中，单击"添加：拾取点"按钮，如图 8.38 所示。将十字形鼠标指针在需填充区域内单击一下，得到填充区域，如图 8.39 所示。

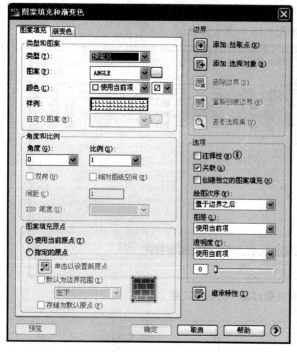

图 8.38　"图案填充和渐变色"对话框　　　　图 8.39　选取填充区域

（6）单击鼠标右键，单击"确定"返回对话框，在"图案填充和渐变色"对话框中单击图案后面的"浏览"按钮，在弹出的对话框中，选择"NET"图案，如图 8.40 所示。单击"确定"按钮后，返回到"图案填充和渐变色"对话框，在比例栏中输入 1，如图 8.41 所示。

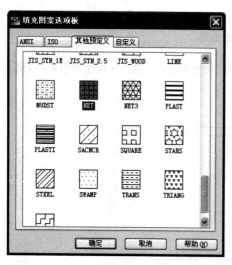

图 8.40　"填充图案选项板"对话框设置　　　图 8.41　"图案填充和渐变色"对话框

（7）设置好参数后，单击"确定"按钮完成客厅及过道效果，如图 8.42 所示。

（8）用同样的方法，根据不同材质的属性，绘制平面房型图的地面材质，完成效果如图 8.43 所示。

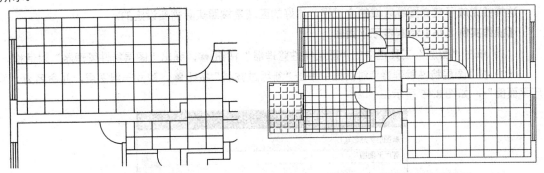

图 8.42　客厅、过道完成效果　　　　　　图 8.43　地面材质完成效果

（9）在"图层特性管理器"对话框中单击"空间布置"层，单击"开关"按钮，将所有"空间布置"层打开，由于地面材质与家具相互重叠，比较混乱，所以我们要进行修剪。

（10）单击"修改"工具栏中的"分解"按钮，将地面材质的图案打散，单击"修改"工具栏中的"修剪"按钮，将重叠的部分剪掉。

（11）布置整个房型图布局与地面材质组合，效果如图 8.44 所示。

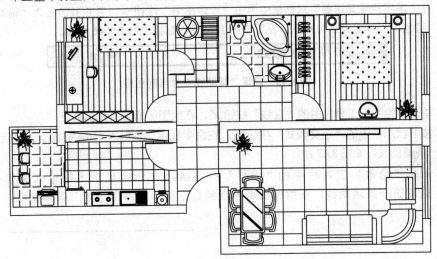

图 8.44　地面材质效果

※ 8.4　绘制客厅平面图

【操作实例 8.15】建立客厅图纸区域

（1）选择"格式"→"单位"命令，在弹出的"图形单位"对话框，设置其长度、角度和缩放单位，单击"确定"按钮完成，如图 8.1 所示。

(2)选择"格式"→"图形界限"命令,在命令提示区中输入0,0↙。

(3)在命令提示区中输入@7000,6000↙。

(4)在命令提示区中输入z↙,输入a↙。

这样就完成了建立图纸区域的全过程,建好的区域是按照实际需要设定的。

【操作实例8.16】绘制客厅平面图

(1)单击"图层"工具栏中的"图层特性管理器"按钮,弹出"图层特性管理器"对话框。

(2)在"图层特性管理器"对话框中单击"新组过滤器"按钮,建立一组图层,并命名为"客厅平面图",如图8.45所示。

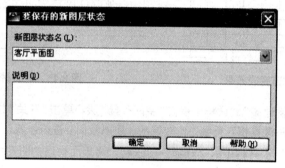

图8.45 "要保存的新图层状态"对话框

(3)在"图层特性管理器"对话框中单击"新建图层"按钮,并将其命名为"辅助线",其颜色选取"红色",其他设置为默认。设置该图层为当前图层,如图8.46所示。

图8.46 设置"辅助线"为当前图层

(4)单击"绘图"工具栏中的"直线"按钮,在绘图区指定直线的端点。

(5)按下状态栏中的"正交模式"按钮,在命令提示区中输入@0,6500↙,确定后,在绘图区画出一条辅助线,如图8.47所示。

(6)单击"修改"工具栏中的"偏移"按钮,在命令提示区中输入要偏移的距离4000↙,选取第一条辅助线,在绘图区域单击鼠标左键,就得到了第二条辅助线。如图8.48所示。

图8.47 第一条辅助线 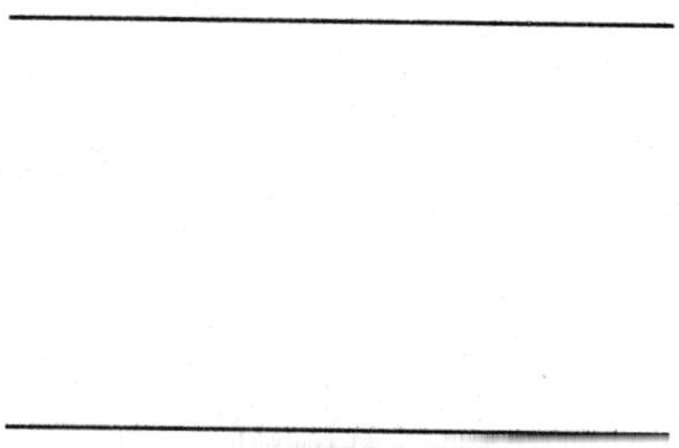　　　　图8.48 第二条辅助线

(7)按状态栏下的"捕捉模式"按钮,单击鼠标右键,单击"设置"命令,如图8.49所示。

(8)在弹出的"草图设置"对话框中的"对象捕捉"对话框中进行如图8.50所示的设置,并单击"确定"按钮。

8.4 绘制客厅平面图 | **193**

图 8.49 对象捕捉设置命令

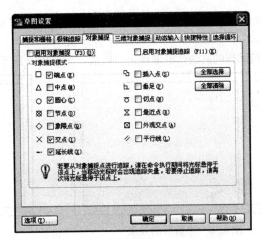
图 8.50 "对象捕捉"选项卡设置

（9）单击"绘图"工具栏中的"直线"按钮，确定状态栏的"正交模式"按钮、"捕捉模式"按钮和"对象捕捉追踪"按钮处于打开状态，在绘图区捕捉第一条辅助线的端点向右移动到最后一条辅助线，并确定，如图 8.51 所示。

（10）单击"修改"工具栏中的"偏移"按钮，向下偏移距离依次为 1500、5000，如图 8.52 所示。

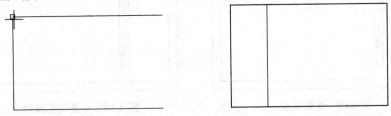

图 8.51 捕捉端点　　　　　　　图 8.52 完成辅助线效果图

（11）单击"图层"工具栏中的"图层特性管理器"按钮，在"图层特性管理器"对话框中单击"新建图层"按钮，建立一个新图层，并命名为"平面图"，颜色选取"深蓝色"，其他设置为默认，设置为该图层为当前图层，如图 8.53 所示。

图 8.53 设置"平面图"为当前图层

（12）选择"绘图"→"多线"命令，在命令提示区中输入 J，Z，S。

（13）在命令提示区域中输入 240，确定状态栏的"正交模式"按钮、"捕捉模式"按钮和"对象捕捉追踪"按钮处于打开状态，分别沿辅助线绘制外墙轮廓，如图 8.54 所示。

（14）单击"绘图"工具栏中的"矩形"按钮，绘制一个 800 mm×800 mm 的矩形作为门口，如图 8.55 所示。

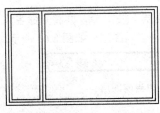
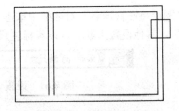

图 8.54 绘制内墙　　　　　　　图 8.55 绘制矩形

（15）利用"修改"工具栏中的"分解"按钮 和"修剪"按钮 修剪矩形，修剪完成后效果如图 8.56 所示。

（16）用同样的方法修剪玻璃窗口效果，如图 8.57 所示。

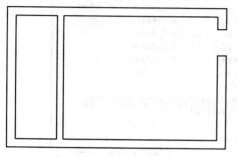
图 8.56 修剪后的效果

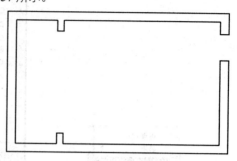
图 8.57 修剪窗口效果

（17）利用"矩形"命令和"直线"命令，绘制出玻璃效果，如图 8.58 所示。

（18）利用"矩形"命令和"圆弧"命令，绘制出门的形状，如图 8.59 所示。

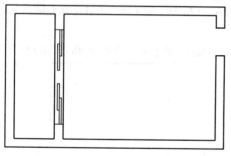
图 8.58 绘制玻璃

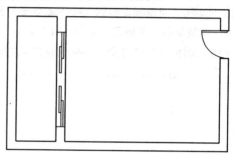
图 8.59 平面图完成效果

【操作实例 8.17】标注客厅平面图尺寸

（1）单击"图层"工具栏中的"图层特性管理器"按钮 ，在弹出"图层特性管理器"对话框中单击"新组过滤器"按钮 ，建立一组图层，并命名为"标注尺寸"，如图 8.60 所示。

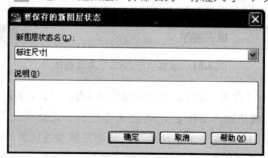
图 8.60 "要保存的新图层状态"对话框

（2）在"图层特性管理器"对话框中单击"新建图层"按钮 ，并将其命名为"尺寸"，其颜色选取"绿色"，其他设置为默认。设置标注尺寸图层为当前图层，如图 8.61 所示。

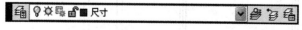
图 8.61 设置"尺寸"为当前图层

（3）选择"格式"→"标注样式"命令，在弹出的"标注样式管理器"对话框中，单击"新建"

按钮，在弹出的"创建新标注样式"对话框中，将其命名为"房型"，如图 8.62 所示。

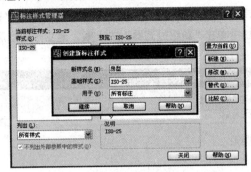

图 8.62 "标注样式管理器"对话框

（4）单击"继续"按钮，在弹出的对话框中分别设置每个项目栏的参数，如图 8.63 和图 8.64 所示。单击"确定"按钮，设置完成。

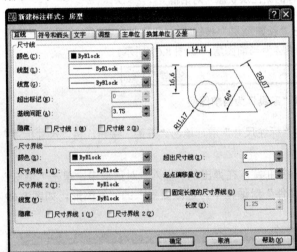

图 8.63 "直线"选项卡

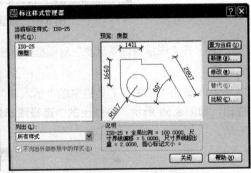

图 8.64 设置"房型"

（5）选择"标注"→"线性"命令，在绘图区域单击鼠标左键指定起始点，确定状态栏的"正交模式"按钮、"捕捉模式"按钮和"对象捕捉追踪"按钮处于打开状态，分别根据客厅平面图要标注的位置单击鼠标左键指定终点，并向下拖动得到相应的尺寸，如图 8.65 所示。

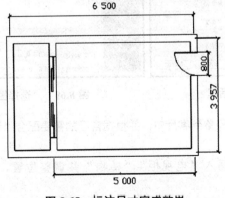

图 8.65 标注尺寸完成效果

【操作实例 8.18】客厅布置图

（1）单击"图层"工具栏中的"图层特性管理器"按钮，弹出"图层特性管理器"对话框，在"图层特性管理器"对话框中单击"新组过滤器"按钮，建立一组图层，并命名为"客厅布局"，如图 8.66 所示。

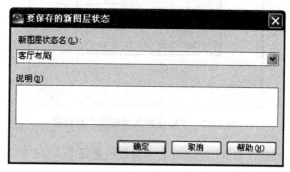

图 8.66　"要保存的新图层状态"对话框

（2）在"图层特性管理器"对话框中单击"新建图层"按钮，并将其命名为"家具"，其颜色选取"紫色"，其他设置为默认。设置家具图层为当前图层，如图 8.67 所示。

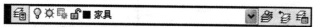

图 8.67　设置"家具"为当前图层

（3）在"图层特性管理器"对话框中单击"标注尺寸"层，单击"开关"按钮，将"尺寸标注"层关闭。

（4）单击"绘图"工具栏中的"插入块"按钮，在弹出的"插入"对话框中，单击"浏览"按钮，如图 8.68 所示，在弹出的"选择图形文件"对话框中，选取要插入的沙发图形，如图 8.69 所示。

图 8.68　"插入"对话框

图 8.69　"选择图形文件"对话框

（5）将插入的沙发图形安置到客厅中，并根据自己的需要配合"移动"命令完成客厅布局，如图 8.70 所示。

（6）用同样的方法，插入"电视柜""植物"并调整位置，完成客厅布局，如图 8.71 所示。

8.4 绘制客厅平面图　197

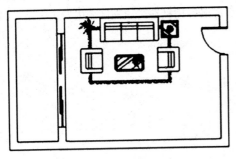
图 8.70　插入沙发图形

图 8.71　客厅布局效果

【操作实例 8.19】客厅地面材质

客厅布置完成后，我们开始绘制地面材质。将客厅铺复合地板，阳台铺 300 mm×300 mm 防滑地砖，完成客厅地面材质。

（1）单击"图层"工具栏中的"图层特性管理器"按钮，在弹出的"图层特性管理器"对话框中单击"新组过滤器"按钮，建立一组图层，并命名为"地面材质"，如图 8.72 所示。

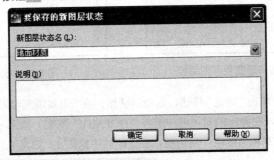
图 8.72　"要保存的新图层状态"对话框

（2）在"图层特性管理器"对话框中单击"新建图层"按钮，并将其命名为"材质"，其颜色选取"橙色"，其他设置为默认。设置材质图层为当前图层，如图 8.73 所示。

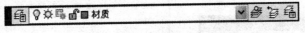
图 8.73　设置"材质"为当前图层

（3）在"图层特性管理器"对话框，单击"空间布置"层，单击"开关"按钮，将所有"空间布置"层关闭，只保留"客厅平面图"层，如图 8.74 所示。

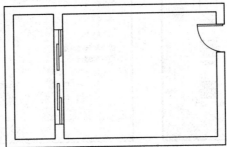
图 8.74　关闭后的效果

（4）单击"绘图"工具栏中的"直线"按钮，将平面图将门口闭合。
（5）单击"绘图"工具栏中的"图案填充"按钮，在弹出的"图案填充和渐变色"对话框中，单击"添加：拾取点"按钮，如图 8.75 所示。将十字形鼠标指针在需填充区域内单击一下，得到填充区域，如图 8.76 所示。

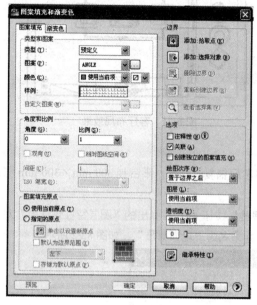

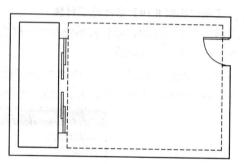

图 8.75　"图案填充和渐变色"对话框　　　　图 8.76　选取填充区域

（6）单击鼠标右键，单击"确定"按钮，返回对话框，在"图案填充和渐变色"对话框中单击"图案"后面的"浏览"按钮，在弹出的对话框中选择"DOLMIT"图案，如图 8.77 所示。单击"确定"按钮后，返回到"图案填充和渐变色"对话框，在比例栏中输入 1，如图 8.78 所示。

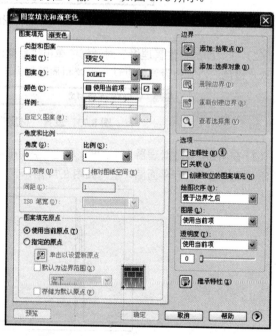

图 8.77　"填充图案选项板"对话框设置　　　　图 8.78　"图案填充和渐变色"对话框

（7）设置好参数后，单击"确定"按钮后完成，客厅地面效果如图 8.79 所示。

（8）用同样的方法，绘制客厅阳台的地面材质，完成效果如图 8.80 所示。

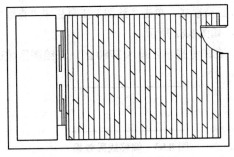
图 8.79 客厅地面填充效果
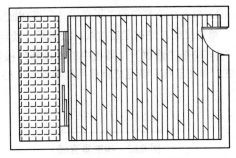
图 8.80 地面材质完成效果

（9）在"图层特性管理器"对话框中单击"客厅布局"层，单击"开关"按钮，将"家具"层打开，由于地面材质与家具相互重叠，比较混乱，所以我们要进行修剪。

（10）单击"修改"工具栏中的"分解"按钮，将地面材质的图案打散，单击"修改"工具栏中的"修剪"按钮，将重叠的部分剪掉，如图 8.81 所示。

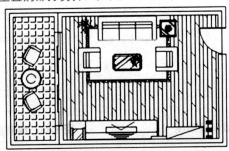
图 8.81 修剪后地面材质效果

（11）选择"文件"→"保存"命令，在弹出的"保存"对话框中输入"客厅平面图"，单击"确定"按钮保存文件。

※ 8.5 酒店套房平面图

【操作实例 8.20】建立平面图区域

（1）在快速访问工具栏中单击"新建"按钮，在弹出的"选择样板"对话框中选择模板样式。

（2）选择"格式"→"单位"命令，在弹出的"图形单位"对话框中设置其长度、角度和缩放单位，单击"确定"按钮完成，如图 8.1 所示。

（3）选择"格式"→"图形界线"命令，在命令提示区中输入 0,0↙。

（4）在命令提示区中输入 @7000,8000↙。

（5）在命令提示区中输入 Z↙，再次输入 A↙。

【操作实例 8.21】绘制辅助线

（1）单击"图层"工具栏中的"图层特性管理器"按钮，在"图层特性管理器"对话框中单击"新建图层"按钮，并将其命名为"辅助线"，其颜色选取"红色"，其他设置为默认。设置辅助线为当前图层。

(2)单击状态栏中的"正交模式"按钮▭,打开正交模式。单击"绘图"工具栏中"直线"按钮╱,单击鼠标左键指定起始点,绘制第一条辅助线,如图 8.82 所示。

(3)单击"修改"工具栏中的"偏移"按钮⚏,在命令提示区输入 3780↵,在绘图区域选择垂直线,单击鼠标左键完成偏移效果如图 8.83 所示。

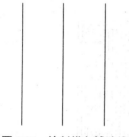

图 8.82 绘制垂直线

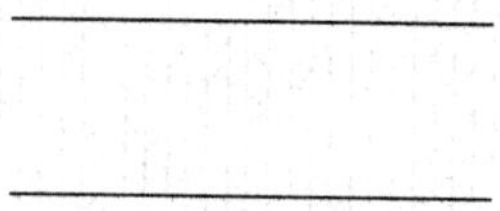

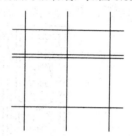

图 8.83 偏移线段效果

(4)使用偏移命令依次偏移出 559、542、360、330、330、100,完成纵向辅助线,如图 8.84 所示。

(5)单击"绘图"工具栏中的"直线"按钮╱,单击鼠标左键指定起始点,向右绘制一条直线。

(6)使用偏移命令依次偏移出 2170、190、4420,完成横向辅助线,如图 8.85 所示。

图 8.84 绘制纵向辅助线

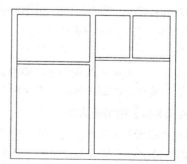

图 8.85 绘制横向辅助线

【操作实例 8.22】绘制酒店套房平面图

(1)单击"图层"工具栏中的"图层特性管理器"按钮▦,在"图层特性管理器"对话框中单击"新建图层"按钮▦,并将其命名为"平面图",其颜色选取"黑色",其他设置为默认。单击"置为当前"按钮✓,将该图层设为当前图层,如图 8.86 所示。

图 8.86 设置平面图图层

(2)选择"绘图"→"多线"命令,在命令提示区中输入 J↵,Z↵,S↵,240↵。

(3)在绘图区域中单击指定起始点,单击状态栏中的"正交模式"按钮▭,依据辅助线绘制出房型图外墙轮廓,如图 8.87 所示。

(4)选择"绘图"→"多线"命令,在命令提示区中输入 S↵,120↵,绘制房型图内墙轮廓,如图 8.88 所示。

图 8.87 绘制外墙轮廓

图 8.88 绘制内墙轮廓

（5）单击"绘图"工具栏中的"矩形"按钮囗，在房型图中指定门窗位置并绘制相应的矩形，如图 8.89 所示。

（6）选择矩形和多线，单击"修改"工具栏中的"修剪"按钮，在绘图区域单击相交的线段，修剪门窗完成后效果如图 8.90 所示。

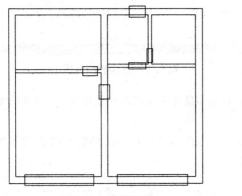 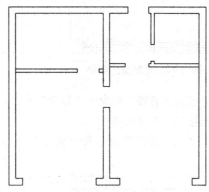

图 8.89　绘制矩形　　　　　　　图 8.90　修剪门窗完成后效果

（7）单击"图层"工具栏中的"图层特性管理器"按钮，在"图层特性管理器"对话框中单击"新建图层"按钮，并将其命名为"门窗"，其颜色选取"白色"，其他设置为默认。设置门窗图层为当前图层，如图 8.91 所示。

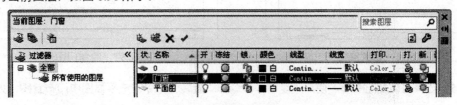

图 8.91　设置门窗图层

（8）单击状态栏中的"正交模式"按钮、"对象捕捉"按钮和"对象捕捉跟踪"按钮。

（9）单击"绘图"工具栏中的"直线"按钮，在窗户位置处指定起始点并绘制出一条直线，如图 8.92 所示。

（10）单击"修改"工具栏中的"阵列"命令按钮，在弹出的"阵列"对话框中选择"矩形阵列"，设置列数为 5，列偏移为 60，如图 8.93 所示。

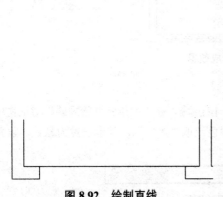 

图 8.92　绘制直线　　　　　　　图 8.93　"阵列"对话框

(11) 单击"选择对象"前面的"选择对象"按钮，在绘图区域选择直线，单击鼠标右键再次返回到"阵列"对话框，单击"确定"按钮，阵列完成后效果如图 8.94 所示。

(12) 单击"修改"工具栏中的"复制"按钮，选择阵列后的图形，将其调整到合适的位置并单击鼠标左键确定，复制完成后效果如图 8.95 所示。

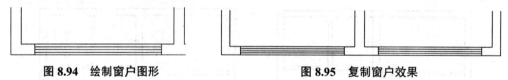

图 8.94　绘制窗户图形　　　　图 8.95　复制窗户效果

(13) 使用"直线"命令、"矩形"命令，在房型图中指定门的位置绘制门口和两个相重叠的矩形作为推拉门，如图 8.96 所示。

(14) 使用"矩形"命令和"圆弧"命令绘制出门口及门图形，绘制完成后效果如图 8.97 所示。

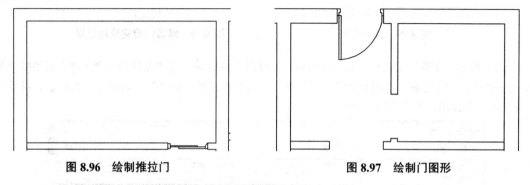

图 8.96　绘制推拉门　　　　图 8.97　绘制门图形

(15) 选择门口及门图形，使用"复制"命令和"旋转"命令完成平面图中门布置图，如图 8.98 所示。

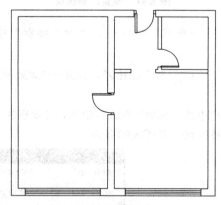

图 8.98　平面图完成效果

【操作实例 8.23】标注酒店套房尺寸

(1) 单击"图层"工具栏中的"图层特性管理器"按钮，在"图层特性管理器"对话框中单击"新建图层"按钮，并将其命名为"尺寸"，其颜色选取"黑色"，其他设置为默认。设置标注尺寸图层为当前图层，如图 8.99 所示。

图 8.99　设置标注尺寸图层

(2)选择"格式"→"标注样式"命令,在弹出"标注样式管理器"对话框中,设置其各项参数。

(3)选择"标注"→"线性"命令,在绘图区域单击鼠标左键指定起始点,标注基本尺寸,如图 8.100 所示。

(4)选择"标注"→"连续"命令,在绘图区域指定第二个尺寸界线的起始点,然后分别标注平面图尺寸,如图 8.101 所示。

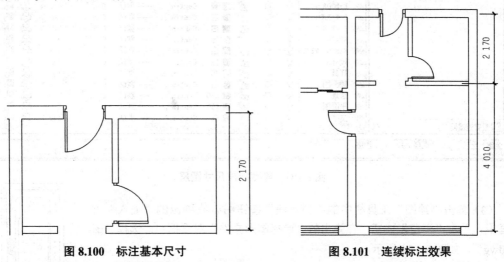

图 8.100　标注基本尺寸　　　　图 8.101　连续标注效果

(5)用同样的方法标注出酒店套房所有尺寸,标注完成后效果如图 8.102 所示。

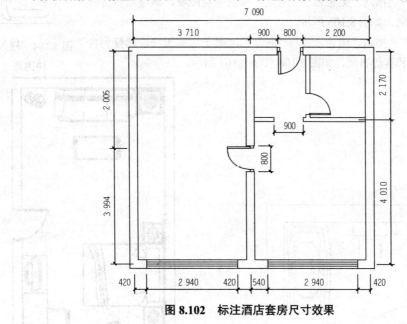

图 8.102　标注酒店套房尺寸效果

【操作实例 8.24】布置酒店套房空间

(1)单击"图层"工具栏中的"图层特性管理器"按钮,在"图层特性管理器"对话框中单击"新建图层"按钮,并将其命名为"套房布置",其颜色选取"黑色",其他设置为默认。设置套房布置图层为当前图层。

(2)在"图层特性管理器"对话框中选择"尺寸"层,单击"开关"按钮,将尺寸标注层关闭,如图 8.103 所示。

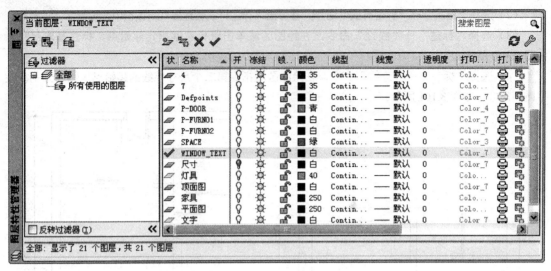

图 8.103　隐藏标注尺寸图层

(3) 单击"绘图"工具栏中的"插入块"按钮，在弹出的"插入"对话框中，单击"浏览"按钮，在弹出的"选择图形文件"对话框中，选择"图块.dwg"，如图 8.104 所示。

(4) 单击"打开"按钮，将图块插入到柜子中并调整到合适的位置。

(5) 用同样的方法插入"坐便器""浴盆"和洗手盆图块，调整到合适的位置，完成卫生间布局，如图 8.105 所示。

(6) 用同样的方法插入"组合沙发""床"和"桌子"等图块，调整到合适的位置，完成卧室和客厅布局，如图 8.106 和图 8.107 所示。

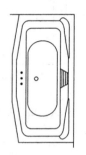

图 8.104　插入图块图形

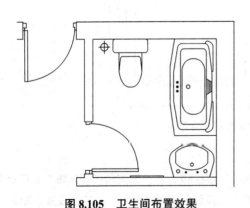

图 8.105　卫生间布置效果

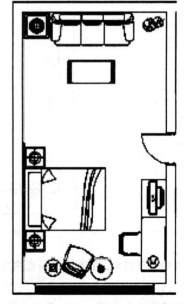

图 8.106　卧室布置效果

(7) 通过以上的方法，分别布置整个酒店套房平面图，在插入图块时可以利用"正交模式"按钮、"对象捕捉"按钮和"对象捕捉跟踪"按钮，完成后效果如图 8.108 所示。

8.5 酒店套房平面图 205

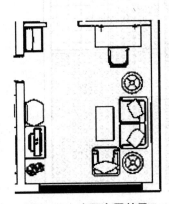
图 8.107 客厅布置效果

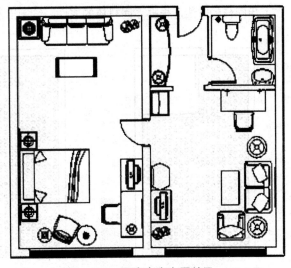
图 8.108 酒店套房布置效果

【操作实例 8.25】设置酒店套房地面材质

（1）单击"图层"工具栏中的"图层特性管理器"按钮，在"图层特性管理器"对话框中单击"新建图层"按钮，并将其命名为"地面材质"，其颜色选取"黑色"，其他设置为默认。设置地面材质图层为当前图层。

（2）在"图层特性管理器"对话框中只保留"平面图"图层，将其多余图层关闭。

（3）单击"绘图"工具栏中的"直线"按钮，绘制平面图中客厅区域，如图 8.109 所示。

（4）单击"绘图"工具栏中的"图案填充"按钮，在弹出的"图案填充和渐变色"对话框中，单击"添加：拾取点"按钮，将十字形鼠标指针在需填充区域内单击。

（5）右击返回对话框，在"图案填充和渐变色"对话框中单击"浏览"按钮，在弹出的"填充图案选项卡"对话框中，选择"HEX"图案，如图 8.110 所示。

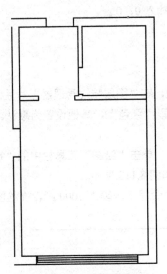
图 8.109 绘制客厅区域

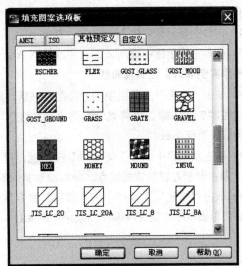
图 8.110 "填充图案选项卡"对话框

（6）单击"确定"按钮后，返回到"图案填充和渐变色"对话框，在"比例"文本框中输入 500，单击"确定"按钮，设置完成后效果如图 8.111 所示。

(7) 用同样的方法，根据不同材质的属性，绘制出酒店套房地面材质，完成后效果如图 8.112 所示。

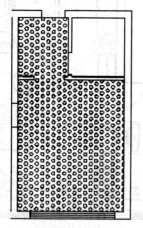

图 8.111　填充完成后效果

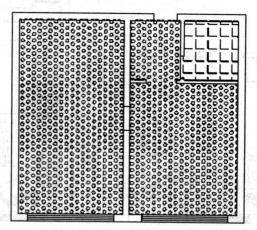

图 8.112　地面材质完成后效果

※ 8.6　居室平面图

【操作实例 8.26】建立平面图区域

（1）在快速访问工具栏中单击"新建"按钮，在弹出的"选择样板"对话框中选择模板样式。

（2）选择"格式"→"单位"命令，在弹出的"图形单位"对话框中设置其长度、角度和缩放单位，单击"确定"按钮完成，如图 8.1 所示。

（3）选择"格式"→"图形界线"命令，在命令提示区中输入 0，0↙。

（4）在命令提示区中输入 @9000，7000↙。

（5）在命令提示区中输入 Z↙，再次输入 A↙。

【操作实例 8.27】绘制辅助线

（1）单击"图层"工具栏中的"图层特性管理器"按钮，在"图层特性管理器"对话框中单击"新建图层"按钮，并将其命名为"辅助线"，其颜色选取"红色"，其他设置为默认。设置辅助线图层为当前图层。

（2）单击状态栏中的"正交模式"按钮，打开正交模式。单击"绘图"工具栏中的"直线"按钮。单击鼠标左键指定起始点，向右绘制第一条辅助线，如图 8.113 所示。

（3）单击"修改"工具栏中的"偏移"命令按钮，在命令提示区输入 3000↙，在绘图区域选择直线，单击鼠标左键完成偏移后效果如图 8.114 所示。

图 8.113　绘制直线 　　　　　　　　图 8.114　偏移线段效果

（4）使用偏移命令依次偏移出 1500、1800，完成横向辅助线，如图 8.115 所示。

（5）单击"绘图"工具栏中的"直线"按钮，单击鼠标左键指定起始点，向下绘制一条直线。
（6）使用偏移命令依次偏移出 1500、1200、1800、3900，完成纵向辅助线，如图 8.116 所示。

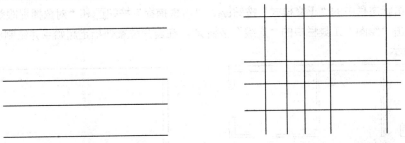

图 8.115　绘制横向辅助线　　　　图 8.116　绘制纵向辅助线

【操作实例 8.28】绘制居室平面图
（1）单击"图层"工具栏中的"图层特性管理器"按钮，在"图层特性管理器"对话框中单击"新建图层"按钮，并将其命名为"平面图"，其颜色选取"黑色"，其他设置为默认。设置平面图图层为当前图层。
（2）选择"绘图"→"多线"命令，在命令提示区中输入 J✓，Z✓，S✓，240✓。
（3）在绘图区域中单击指定起始点，单击状态栏中的"正交模式"按钮，依据辅助线绘制出房型图外墙轮廓，如图 8.117 所示。
（4）选择"绘图"→"多线"命令，在命令提示区中输入 S✓，120✓，绘制房型图内墙轮廓，如图 8.118 所示。

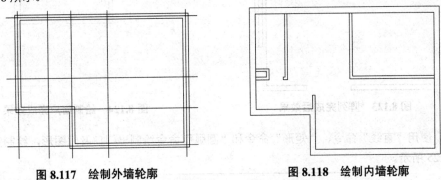

图 8.117　绘制外墙轮廓　　　　图 8.118　绘制内墙轮廓

（5）单击"绘图"工具栏中的"矩形"按钮，在房型图中指定门窗位置并绘制相应的矩形，如图 8.119 所示。
（6）选择矩形和多线，单击"修改"工具栏中的"修剪"按钮，在绘图区域单击相交的线段，修剪门窗完成后效果如图 8.120 所示。

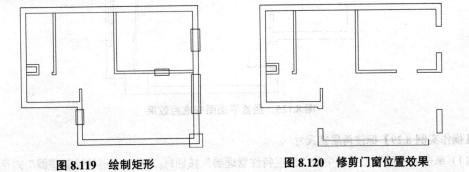

图 8.119　绘制矩形　　　　图 8.120　修剪门窗位置效果

（7）单击"绘图"工具栏中的"矩形"按钮▭，在房型图中右下角指定起始点，在命令提示区中输入@800，800↙，绘制出柱子图形，如图8.121所示。

（8）单击状态栏中的"正交模式"按钮、"对象捕捉"按钮▭和"对象捕捉跟踪"按钮。

（9）单击"绘图"工具栏中的"直线"按钮╱，在窗户位置处指定起始点并绘制出两条直线，如图8.122所示。

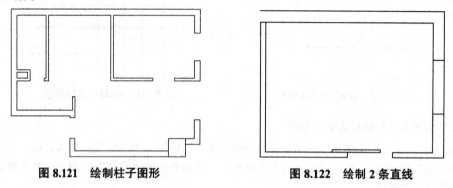

图8.121 绘制柱子图形　　　　图8.122 绘制2条直线

（10）使用"阵列"命令，设置列数为4，列偏移为60，阵列完成后效果如图8.123所示。

（11）用同样的方法绘制出另一个窗户图形，如图8.124所示。

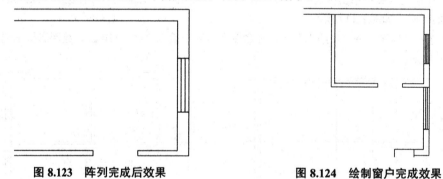

图8.123 阵列完成后效果　　　　图8.124 绘制窗户完成效果

（12）使用"直线"命令、"矩形"命令和"圆弧"命令绘制出门口及门图形，绘制完成后效果如图8.125所示。

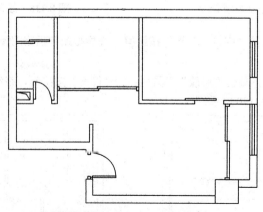

图8.125 居室平面图完成后效果

【操作实例8.29】标注两居室尺寸

（1）单击"图层"工具栏中的"图层特性管理器"按钮，在"图层特性管理器"对话框中单击"新建图层"按钮,并将其命名为"尺寸",其颜色选取"黑色",其他设置为默认。设置标注尺寸图层为当前图层。

(2)选择"格式"→"标注样式"命令,在弹出的"标注样式管理器"对话框中,设置其各项参数。

(3)选择"标注"→"线性"命令,在绘图区域单击鼠标左键指定起始点,标注基本尺寸,如图 8.126 所示。

(4)选择"标注"→"连续"命令,在绘图区域指定第二个尺寸界线的起始点,然后分别标注平面图尺寸,如图 8.127 所示。

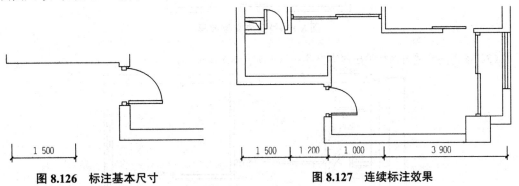

图 8.126　标注基本尺寸　　　　　　图 8.127　连续标注效果

(5)用同样的方法标注出居室所有尺寸,标注完成后效果如图 8.128 所示。

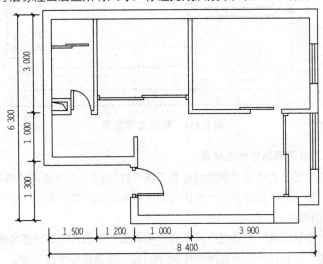

图 8.128　标注尺寸完成后效果

【操作实例 8.30】标注居室文字

(1)单击"图层"工具栏中的"图层特性管理器"按钮,在"图层特性管理器"对话框中单击"新建图层"按钮,并将其命名为"文字",其颜色选取"黑色",其他设置为默认。设置标注文字图层为当前图层,如图 8.129 所示。

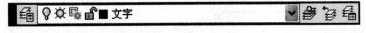

图 8.129　设置文字图层

(2)单击"绘图"工具栏中的"多行文字"按钮 A,在卧室区中拖动一个文本框,在弹出的"文字格式"对话框中设置字体及高度,然后在文字区中输入"卧室",完成文字效果如图 8.130 所示。

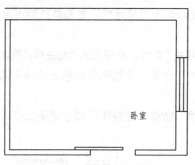

图 8.130 完成文字效果

（3）使用同样的方法标注出居室文字布置，如图 8.131 所示。

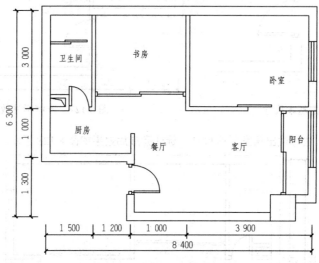

图 8.131 标注文字效果

【操作实例 8.31】设置两居室地面材质

（1）单击"图层"工具栏中的"图层特性管理器"按钮 ，在"图层特性管理器"对话框中单击"新建图层"按钮 ，并将其命名为"地面材质"，其颜色选取"黑色"，其他设置为默认。设置地面材质图层为当前图层。

（2）在"图层特性管理器"对话框中只保留"平面图"图层，将其他多余图层关闭。

（3）单击"绘图"工具栏中的"直线"按钮 ，绘制平面图中客厅区域。

（4）单击"绘图"工具栏中的"图案填充"按钮 ，在弹出的"图案填充和渐变色"对话框中，单击"添加：拾取点"按钮 ，将十字形鼠标指针在需填充区域内单击，得到填充区域，如图 8.132 所示。

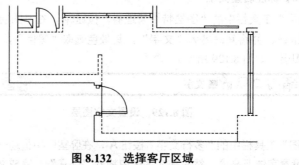

图 8.132 选择客厅区域

（5）单击鼠标右键返回对话框，在"图案填充和渐变色"对话框中单击"浏览"按钮，在弹出的"填充图案选项卡"对话框中，选择"ANGLE"图案，如图 8.133 所示。

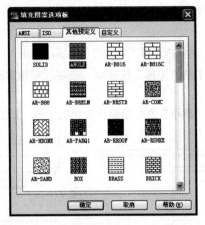

图 8.133　"填充图案选项板"对话框

（6）单击"确定"按钮后，返回到"图案填充和渐变色"对话框，在"比例"文本框中输入 1，如图 8.134 所示。单击"确定"按钮，设置完成后效果如图 8.135 所示。

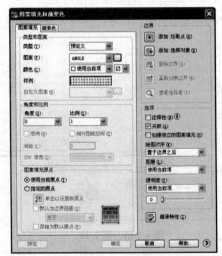 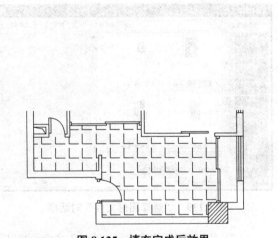

图 8.134　"图案填充和渐变色"对话框　　　图 8.135　填充完成后效果

（7）用同样的方法，根据不同材质的属性，绘制出居室地面材质，完成后效果如图 8.136 所示。

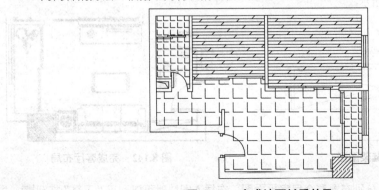

图 8.136　完成地面材质效果

学习情境 8　室内设计基础项目训练

【操作实例 8.32】布置居室空间

（1）单击"图层"工具栏中的"图层特性管理器"按钮，在"图层特性管理器"对话框中单击"新建图层"按钮，并将其命名为"空间布局"，其颜色选取"黑色"，其他设置为默认。设置空间布局图层为当前图层。

（2）在"图层特性管理器"对话框选择"地面材质"层，单击"开关"按钮，将地面材质层关闭。

（3）单击"绘图"工具栏中的"矩形"按钮，在客厅中指定起始点并绘制一个长方形作为电视柜，如图 8.137 所示。

（4）使用"矩形"命令和"偏移"命令绘制出电视机图形，如图 8.138 所示。

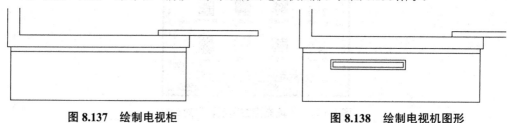

图 8.137　绘制电视柜　　　　　图 8.138　绘制电视机图形

（5）单击"绘图"工具栏中的"插入块"按钮，在弹出的"插入"对话框中，单击"浏览"按钮，在弹出的"选择图形文件"对话框中，选择"房型图地面材质"，如图 8.139 所示。

（6）单击"打开"按钮，将花图块插入到电视柜中并调整到合适的位置，如图 8.140 所示。

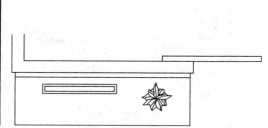

图 8.139　"选择图形文件"对话框　　　　图 8.140　插入块

（7）使用"矩形"命令和"直线"命令绘制出鞋架图形，绘制完成后效果如图 8.141 所示。

（8）使用"插入"命令将"沙发""餐桌"和"绿植"图块置入客厅中并调整到合适的位置，完成客厅布局，如图 8.142 所示。

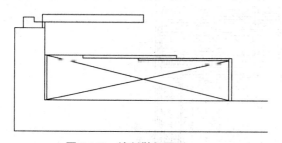

图 8.141　绘制鞋架图形　　　　图 8.142　完成客厅布局

（9）通过以上的方法，分别布置整个居室平面图，在插入图块时可以利用"正交"按钮、"对象捕捉"按钮□和"对象捕捉跟踪"按钮⊿，完成后效果如图8.143所示。

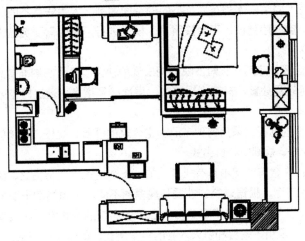

图 8.143 居室布置完成效果

※ 8.7 室内空间序列——归纳与提高

空间序列是指空间环境的先后活动的顺序关系，是设计师按建筑功能给予合理组织的空间组合。空间基本上是有一个物体同感受它的人之间产生的一种相互关系。空间以人为中心，人在空间中处于运动状态，并在运动中感受、体验空间的存在，空间序列设计就是处理空间的动态关系。在序列设计中由于层次和过程相对较多，如只是以活动过程为依据，仅仅满足行为活动的物质需要是远远不够的，它只是一种行为工艺过程的体现而已。

在空间序列设计中，除按行为工艺设计的要求，将各个空间作为彼此相互联系的整体来考虑外，还应该以此作为建筑时间、空间形态的给人的一种反馈作用，使它更深刻、更全面、更充分地发挥建筑空间艺术对人心理上、精神上的影响。另外，空间的连续性和时间性是空间序列的必要条件，人在空间内活动感受到的精神状态是空间序列考虑的基本因素，空间的艺术章法则是空间序列设计主要研究的对象，也是对空间序列全过程构思的结果。

1. 序列全过程

（1）起始阶段：该阶段是序列的开始，它预示着将要展开的内容，应具有足够的吸引力和个性。

（2）过渡阶段：它是起始后的承接阶段，又是高潮阶段的前奏，在序列中起到承上启下的作用，是序列中的关键一环。它对最终高潮出现具有引导、启示、酝酿、期待及引人入胜等作用。

（3）高潮阶段：高潮阶段是全序列的中心，是序列的精华和目的所在，也是序列艺术的最高体现。

（4）终结阶段：由高潮恢复平静，是终结阶段的主要任务。良好的结束有利于对高潮的联想，如图 8.144 所示。

图 8.144 高潮的联想

2. 不同类型建筑对序列的要求

不同性质的建筑有不同空间序列布局，不同的空间序列艺术手法有不同的序列设计。在现实丰富多彩的活动内容中，空间序列设计不会按照一个模式进行，有时需要突破常规，一般来说，影响空间序列有以下几个方面：

（1）序列长短的选择：序列的长短反映高潮出现的快慢以及为高潮准备阶段而对空间层次的考虑。对高潮的出现不可轻易处置，高潮出现越晚，层次必须增多，通过时空效应对人心理的影响必然更加深刻。

（2）序列布局类型的选择：采用何种布局决定建筑的性质、规模、环境等因素。一般序列格局可分为对称式和不对称式、规则式和自由式。

（3）高潮的选择：在建筑空间中具有代表性的、反映建筑性质特征的、集中一切精华所在的主体空间就是空间序列的高潮。根据建筑的性质和规模的不同，考虑高潮出现的位置和次数也不同，多功能、综合性、规模较大的建筑具有形成多中心、多高潮的可能性。如共享空间提到了更高的阶段，高潮成为整个建筑中最引人瞩目和引人入胜的精华所在，如图 8.145 所示。

图 8.145　序列的高潮

3. 空间序列的设计手法

良好的建筑空间序列设计，宛似一部完整的乐章、动人的诗篇。空间序列的不同阶段和写文章一样，有起、承、转、合；和乐曲一样，有主题，有起伏，有高潮，有结束；也和剧作一样，有主角和配角，有矛盾双方的对立面，也有中间人物。通过建筑空间的连续性和整体性给人以强烈的印象、深刻的记忆和美的享受。但是良好的序列章法还是要通过每个局部空间的装修、色彩、陈设、照明等一系列艺术手段的创造来实现的。因此，空间序列的设计手法非常重要。

（1）空间的导向性：指导人们行动方向的建筑处理称为空间的导向性。

采用导向的手法是空间序列设计的基本手法，它以建筑处理手法引导人们行动的方向，使人们进入该空间，就会随着建筑空间布置随其行动，从而满足建筑物的物质功能和精神功能。良好的交通路线设计不需要指路标和文字说明牌，而是用建筑所特有的语言传递信息，与人对话。常见的导向设计手法是采用统一或类似的视觉元素进行导向，相同的元素的重复产生节奏，同时具有导向性。设计时可运用形式美学中各种韵律构图和具有方向性的形象作为空间导向性的手法。如连续的货架、列柱、装修中的方向性构成，地面材质的变化等强化导向等，通过这些手法暗示或引导人们行动的方向和注意力。因此，室内空间的各种韵律构图和象征方向的形象性构图就成为空间导向性的主要手法。

（2）视觉中心：在一定范围内引起人们注意的叫作视觉中心。

导向性只是将人们引向高潮的引子，最终的目的是导向视觉中心，使人领会到设计的诗情画意。空间的导向性有时也只能在有限的条件下设置，因此在整个序列设计过程中，还必须依靠在关键部位设置引起人们强烈注意的物体，以吸引人们的视线，勾起人们向往的欲望，控制空间距离。如中国园林通过廊、桥、矮墙为导向，利用虚实对比、隔景、借景等手法，以寥寥数石、一池浅水、几株芭蕉构成一景，虚中有实。而视觉中心是指一定范围内引起人们注意的，它可视为在这个范围内空间序列的高潮。

（3）空间构成的对比与统一 空间序列的全过程就是一系列相互联系的空间过渡。

对不同序列阶段，在空间处理上各有不同，造成不同的空间气氛，但又彼此联系，前后衔接，形成按照章法要求的统一体。空间序列的构思是通过若干相联系的空间，构成彼此有机联系，前后连续的空间环境的构成形式。一般来说，在高潮阶段出现以前，一切空间过渡的形势可能也应该有所区别，但在本质上应基本一致，强调共性，应以统一的手法为主。但作为紧接高潮前准备的过渡空间往往采用对比的手法，统一对比的建筑构图原则同样可以运用在室内空间处理上，如图 8.146 所示。

图 8.146　空间构成的对比与统一

习　题

1. 思考题

（1）空间序列的全过程包括哪些内容？

（2）不同类型建筑对序列的要求有哪些？

（3）空间序列的设计手法有哪些？

2. 上机题

（1）运行素材文件"学习情境 8　室内设计基础项目训练"文件夹中案例练习，了解作品的特点。

（2）以家居卧室为例，运用 AutoCAD 制作房型平面图设计方案，完成室内效果设计。

（3）结合前面讲授的内容，绘制卧室平面图、立面图以及顶面图。

Reference

参考文献

[1] 高文胜. 计算机辅助设计——AutoCAD 2012［M］. 北京：北京理工大学出版社，2014.

[2] 高文胜. 室内效果图设计与表现［M］. 天津：天津大学出版社，2010.

[3] 高文胜. 室内设计技术三合一实训教程［M］. 北京：中国铁道出版社，2007.

[4] 张永茂，王继荣. AutoCAD 2017 机械设计实例教程(中文版)［M］. 北京：机械工业出版社，2017.